国産バス図鑑

An Illustrated History of Japanese Buses 1945–1970

1945 - 1970

筒井幸彦
Yukihiko Tsutsui
自動車史料保存委員会
編・著

MIKI PRESS
三樹書房

カラーでたどる 懐旧の国産バス

■いすゞ自動車

BX352（1958年） L9420 W2450 H2977 WB5200 〈DA120〉D-L6-6126cc 120ps

BXD50（1964年） L9505 W2450 H2965 WB5200 80km/h 〈DA640〉D-L6-6373cc 130ps

BA341（1957年） L9210 W2450 H2926 WB4200 80km/h 〈DA120〉D-L6-6126cc 118hp

BR151P（1960年）
L9650 W2450 H3050 WB4800
〈DA120T〉D-L6-6126cc 160ps
（ターボチャージャー）定員74名

BC10（1950年）
L9820 W2450 H2850 WB5300
77km/h 〈DA80〉D-V8-6804cc
117hp 定員75名

BC20（1957年）
L10300 W2480 H3000 WB5350
73km/h 〈DH10〉D-L6-9348cc
150hp/180hp（スーパーチャージャー）
定員74名

本書に記載する諸元の記号などは、次のとおりです。
（例）**BX352（1958年）** L9420 W2450 H2977 WB5200 80km/h 〈DA120〉D-L6-6126cc 120ps
L：全長、W：全幅、H：全高、WB：ホイールベース（以上単位mm）、km/h：最高時速、〈 〉内はエンジン型式、D：ディーゼルエンジン（G：ガソリンエンジン）、L：直列（L6は直列6気筒、V：V型、H：水平）、cc：排気量、ps（もしくはhp）：馬力
また説明文中でも、読みやすく簡潔な文にするためホイールベースを「WB」と記載していることがあります。

■三菱重工業／三菱自動車工業

ふそう B300系（1958年）　WB：4500(B360)、5220(B370)、5600(B380) 75km/h　〈DB31〉D-L6-8550cc 155hp

ローザ B23D（1969年）
L6250 W2130 H2530 WB3250 100km/h
〈KE65〉D-L6-3473cc 95ps　定員25名

ローザ B16A（1971年）
L5860 W1880 H2370 WB3100
〈4DR5〉D-L4-2659cc 80ps　定員25名

ふそう **B806L 準高速**（1968年）
L10765 W2490 H3085 WB5400
125km/h 〈8DC2〉D-V8-13273cc
230ps

ふそう **B906R 高速バス**（1969年）　L11980 W2490 H3000 WB6400 140km/h 〈12DC2〉D-V12-19910cc 350ps
定員42名

ふそう **B906R 高速バス**（1970年）
L11980 W2490 H3000 WB6400
140km/h 〈12DC2〉D-V12-19910cc
350ps　定員42名

■日野自動車工業

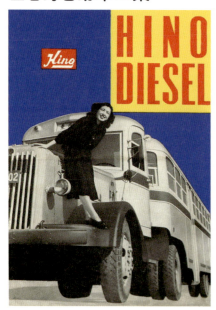

T13B＋T26 トレーラ バス（1955年）
L13850 W2400 H3050 52km/h 〈DA55〉
D-L6-10850cc 115hp　定員96名

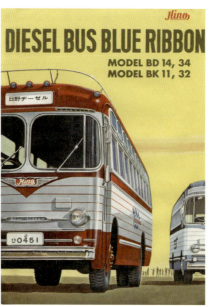

ブルーリボン BD14（1957年）
L10020 W2450 H3100 WB4800
〈DS40〉D-H6-7698cc 150ps

ブルーリボン BD12（1955年）
L10000 W2450 H2950 WB4800 76km/h
〈DS22〉D-H6-7014cc 125hp　定員73名

RB10（1962年）
L10020 W2450 H3100 WB4815
〈DS80〉D-H6-7982cc 160ps　定員75名

BH15（1963年）
L9820 W2450 H3050 WB5000
〈DS50〉D-L6-7982cc 155ps 定員60名

BM320T（1965年） L6970 W1995 H2575 WB3805 〈DM100〉D-L6-4313cc 90ps 定員29名

RE120（1969年） L10490 W2460 H3115 WB5200 105km/h 〈EB200〉D-H6-9036cc 175ps 定員89名

■日産ディーゼル工業

ミンセイ コンドル BR30（1950年）　L10400 W2450 H2820 WB5300 73km/h
〈KD3〉D-2C（2サイクル）-L3-4100cc 90hp　定員56名

ミンセイ コンドルBR31（1950年）　L9350 W2450 H2785 WB5300 73km/h　〈KD3〉D-2C-L3-4100cc 90hp

6RFA101（1960年）　L10890 W2450 H3000 WB5500 120km/h　〈UD6〉D-2C-L6-7410cc 230ps

民生デイゼル工業から日産ディーゼル工業へ
（左）ミンセイ コンドル 6RF101（1957年）　L10890 W2450 WB5500 120km/h 〈UD6〉D-2C-L6-7410cc 230hp
右は日産ディーゼル工業 6RF101。1960年12月に社名変更。仕様は同じだが、エンブレムが変更された。4R系も同じボディ。

4RA104（1965年）　L10650 W2450 H3065 WB5400 108km/h 〈UD4〉D-2C-L4-4940cc 165ps

6RA111（1970年）　L11280 W2450 H3085 WB5650 120km/h 〈UD6〉D-2C-L6-7412cc 240ps

■日産自動車

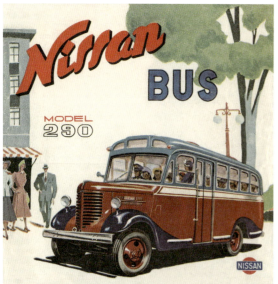

290（1949年）　L7520 W2400 H2735 WB4300　〈NA〉G-SV-L6-3670cc 85hp

M290（1950年）　L7500 W2114 H1682 WB4300
〈KE5〉D-L4-5322cc 85hp

390（1952年）　L8058 W2400 H2880 WB4300
〈NA〉G-SV-L6-3670cc 85hp

UG690（1959年）　L9040 W2485 H2930 WB5000　〈UD3〉D-2C-L3-3706cc 120ps　定員57名

エコー GC141 （1965年）　L5190 W1850 H2275 WB2390 110km/h 〈H〉G-L4-1883cc 85ps　定員21名

キャブスター E690 （1959年）
L8260 W2470 H2900 WB4470
〈P〉G-L6-3956cc 125hp　定員63名

キャブスター E690 （1968年）
L8425 W2450 H2995 WB4300 100km/h
〈P〉G-L6-3956cc 130ps　定員60名

■プリンス自動車工業

ニッサン プリンス ホーミー **B641A**（1968年） L4690 W1695 H1920 WB2260 110km/h
〈R〉G-L4-1595cc 75ps　定員15名

プリンス ライトコーチ **BQVH2L**（1962年） L5100 W1900 H2250 WB2345 93km/h
〈GB4〉G-L4-1862cc 91ps　定員17名

ニッサン プリンス ライトコーチ **B657B**（1967年） L6130 W190 H2245 WB3070
〈H20〉G-L4-1982cc 92ps　定員26名

■トヨタ自動車工業

FB80（1960年）
L8225 W2445 H2955 WB4370 90km/h
〈F〉G-L6-3878cc 125ps　定員49名

DB95（1962年）
L9480 W2425 H3020 WB5170 100km/h
〈2D〉G-L6-6494cc 130ps　定員84名

DB105（1966年）　L9540 W2450 H3090 WB5170　〈2D〉D-L6-6494cc 130ps　定員65名

トヨペット マイクロバス RK160B（1962年）
L5650 W1870 H2160 WB2800
〈3R〉G-L4-1897cc 80ps　定員20名

トヨタ ライトバス RK170B（1965年）
L5870 W1850 H2250 WB2800　〈3R〉G-L4-1897cc 80ps　定員22名

トヨタ コースター RU18（1969年）
L6080 W1950 H2275 WB3070 110km/h　〈5R〉G-L4-1994cc 93ps　定員26名

DR15（1959年）　L9170 W2490 H2990 WB4200　〈2D〉D-L6-6494cc 130ps　定員68名

DR15（1963年）
L9170 W2490 H2990 WB4200
80km/h　〈2D〉D-L6-6494cc
130ps

DB105C（1966年）
L9785 W2450 H3070 WB5170
〈2D〉D-L6-6494cc 130ps　定員68名

■ダイハツ工業

SV37N ライトバス（1969年）
L6100 W1920 H2260 WB3200 95km/h
〈DC〉D-L4-2530cc 75ps　定員25名

■東洋工業

パークウェイ26 AEXC（1972年）
L6195 W1980 H2325 WB3285 95km/h
〈XA〉D-L4-2701cc 81ps

●木炭バスとガス発生炉への木炭補給（車体はトヨタFC）●

ガソリン機関は気化器で気化したガソリンが空気とともにシリンダ内に吸い込まれて圧縮・点火・爆発に至る。薪炭ガス自動車は気化器の代わりに薪炭ガス発生装置を備え、これにより発生したガスをガソリンの代わりに適量の空気とともにシリンダ内に送り込む。

はじめに

　バスは、社会にとって不可欠な公共輸送機関でありながら、あまりにも身近にあるためか、ともすれば人々からは関心も持たれず、その存在感さえも薄い状態にあります。

　本書は、国産車にとって飛躍の時代であった戦後復興期の1950年代から高度成長期に入る1960年代までのバスについて、その存在を記録として残すべく、変遷を追って当時のメーカーカタログなどから写真と諸元をまとめたものです。

　戦後の復興期から高度成長期にあたるこの時代は、バスにとっても人口の都市集中化によるラッシュバスやワンマンバスの発達、高速道路網の整備による高速バスの発達、また旅行の小グループ化によるマイクロバスの発達など高性能化・多様化した華々しい時代でありました。しかし、その一方では輸送効率の追求からボンネットバスが消えていった寂しい時代でもあります。

　編集にあたっては、終戦から1970年頃までに日本で生産された定員11名以上のバスの総てを網羅して図鑑的に収録しました。また、写真に添えてある諸元は当時のカタログ等による数値を掲載しました。国産バスの記録として少しでもお役に立てれば幸いです。

筒井幸彦

本書掲載のバスの写真について

　本書には、バスの車体を中心に、600点を超える画像が掲載されています。これらは、メーカーのカタログを中心に、著者の筒井幸彦氏が所蔵している資料を掲載したものです。筒井氏は幼少のころから収集保管を始め、その後も他の収集家のコレクションを引き継いだり、専門の出版社からの委託やメーカーからの提供を受ける機会などもあって、数多くの資料が筒井氏のもとに集まり、筒井氏はこれらの資料のバス画像をパソコンに取り込み、諸元や解説を加えてデータベース化してこられました。

　戦後、日本では路線用、観光用はじめ、用途にあわせた多様なバスがつくられてきましたが、バスやトラックなどの商用車は、個人が所有し愛用する乗用車に比べ丈夫ではあるものの、耐用年数の経過や、ユーザーであるバス会社が新しい型式のバスを採用する際に、古いものは廃棄されてしまう運命をたどり、後世に残りにくいものです。特にバスは、顧客の要望に応えるべく様々な仕様があるため、そのカタログも乗用車のように広く配布されず、諸元記録なども、今日まで長く保存されている例は極めて少ないのが実状です。

　そのようななか、筒井氏が収集保管されてきた資料は大変貴重なものです。近年では、日野自動車、いすゞ自動車などのバスメーカー内部にも残っていなかった資料を、メーカーに協力して役立てたこともあるほどでした。

　編集部では、筒井幸彦氏のことを自動車専門写真家の浅井貞彦先生より紹介されたテレビ番組によって知りました。番組で、筒井氏がご自身のトラック・バスのカタログコレクションを後世のために整理・編集されていることが紹介されており、この貴重な資料をぜひ小社で書籍にして出版したいと考えました。

　幸いにも旧知のトヨタ博物館元学芸員・山田耕二氏が筒井氏のご連絡先をご存知とのことで、筒井氏を訪ねることができ、戦後から1970年までに登場したバスを紹介するという本書の企画をすすめることが可能になりました。

　本書には、バスの画像とともに、整理・調査を続けている筒井氏に、それぞれのバスの諸元や特徴などを書いていただきました。画像はもちろん、こうしたデータも、いまでは大変貴重な資料となるからです。また巻末には当時のバスに搭載されたエンジンの一部を紹介するページを設け、目次のあとに索引を設けるなど、図鑑として活用していただきやすいように工夫しております。

　なお、掲載資料のなかには、バス会社などの名前の入ったものもあり、収録画像の所有権や著作権などにはできる限り配慮し、事前の調査をいたしました。しかし、製造されてから半世紀以上経過している資料もあり、困難な場合もありました。数多くのバスを収録することによって、日本の自動車産業における記録になることを念頭に置いて本書を編集しましたことを、ご理解いただければ幸甚です。

三樹書房　小林謙一

目 次

〈巻頭口絵〉カラーでたどる 懐旧の国産バス ……………… 2

 はじめに ……………………………………………… 17
 本書掲載のバスの写真について ……………………… 18
 掲載バス車両一覧 …………………………………… 20

いすゞ自動車 ……………………………………………… 23

三菱重工業／三菱自動車工業 …………………………… 59

日野自動車工業 …………………………………………… 85

日産ディーゼル工業 ……………………………………… 115

日産自動車 ………………………………………………… 143

プリンス自動車工業 ……………………………………… 168

トヨタ自動車工業 ………………………………………… 174

ダイハツ工業 ……………………………………………… 208

東洋工業 …………………………………………………… 217

 1950〜70年代のバスに搭載されたエンジン(一部) ……… 223
 おわりに ……………………………………………… 231

※本書でのメーカー名は、主に紹介する1960年代での各社の呼称を掲載しました。三菱に関しては、1964年の3社合併(三菱日本重工業、新三菱重工業、三菱造船)による呼称「三菱重工業」と、1970年からの社名ではあるものの、日本で長く親しまれてきた「三菱自動車工業」を併記しています。また、エンジンのページでは「三菱重工業」を用いました。

掲載バス車両一覧

この一覧は、本編と同様にメーカー・型式等による分類別にまとめられています。掲載にあたっては、アルファベット・数字・五十音順を原則としましたが、紹介している車両の共通性等を考慮して、検索性に配慮した順番にしている箇所がありますので、ご了承ください。

（●付の見出しは「その他」を除き、本編の掲載順になっています）

いすゞ自動車

●BX系 ボンネットバス
- BX41　26
- BX43　26
- BX91　24,25
- BX95　25
- BX95（改）ツインバス　24
- BX131　27
- BX151　27
- BX331　28
- BX341　28
- BX352　2, 28
- BX521　29
- BX531　29
- BX552　29
- BX752　29
- BXD30　30
- BXD50　2, 30
- TA10 ライトバス　25

●TS系 4輪駆動バス
- TS341　31
- TS543　31
- TSD40　31

●BX系 キャブオーバーバス
- BX92　32
- BX731E　32
- BXD30E　32

●BF系 キャブオーバーバス
- BF20　33
- BF30　33

●BD系 キャブオーバーバス
- BD40　33

●エルフ系 マイクロバス
- TL251B　34
- TLG20B　34
- TLG21B　35
- TLG22B　35
- ジャーニーS KA50B　35

●TL／BL系 ライトバス
- BL171　36
- BL371　36
- BLD10　37
- BLD20　37
- BLD22　37
- ジャーニーL BE20D　38
- ジャーニーM BLD22　38
- ジャーニーM BLD30　38
- エルフ TL151 ライトバス　36

●BY／BK系 中型バス
- ジャーニーK BK30　39
- BY30K　39
- BY31　39

●BX-X系 リアエンジンバス
- BX85X　40
- BX91X　40
- BX97X　40

●BX-V系 リアエンジンバス
- BX91V　41

●BB系 リアエンジンバス
- BB341　42
- BB351　41
- BB541　42
- BB741　42

●BS系 リアエンジンバス
- BS10　43

●BA系 リアエンジンバス
- BA01N　48
- BA05N　48
- BA20　48
- BA341　2
- BA341A　43, 44
- BA341C　43
- BA341D　44
- BA341P　45
- BA351P　44
- BA351D　45
- BA541　46
- BA541P　45
- BA741　46, 47
- BA743N　47

●BR系 リアエンジンバス
- BR20　49
- BR151P　3, 49

●BC系 リアエンジンバス
- BC10　3, 50
- BC20　3, 52
- BC20-1　51
- BC151　52, 53
- BC161P　53

●トロリーバス
- 補助エンジン付トロリーバス 東京都交通局321形　53

●BU系 リアアンダーフロアエンジンバス
- BU05D　54
- BU06D　54
- BU10　54, 55
- BU10K　55
- BU15　56
- BU15E　56
- BU15KP　57
- BU20　55
- BU20EP　56, 57
- BU30P　57

●BH系 リアエンジンバス
- BH20P　58
- BH21P　58

三菱重工業／三菱自動車工業

●ふそう ボンネットバス
- B1　60
- B1D　60
- B2　60
- B25　61
- B280　61
- B300系　4
- B370　62
- T370 全輪駆動バス　62

●ふそう ライトバス
- MB720　63, 64
- T720BA　63

●ローザ（通称"だるまローザ"）
- B10　65
- B20D　65
- B21D　66
- B22D　66
- B23D　4, 66, 67
- B24D　66, 67

●ローザ（通称"ライトローザ"）
- B12　68
- B13　68, 69
- B13A　68
- B14A　68
- B16　69
- B16A　4, 69
- B210　69
- B215　69
- B360　69

●電気バス
- MB46　70
- ME460　70
- TB12　70

●MR系 中型リアエンジンバス
- B620B　71
- MR620　71

●R系 リアエンジンバス
- AR470　74
- AR470-S Aタイプ　75
- AR470-S Bタイプ　75
- AR820S　75
- R11　72

R21　　　72
R32　　　72
R270　　　73
R370　　　73
R450　　　73
R470　　　74
●MR系 リアエンジンバス
MAR440　　　77
MAR470　　　78
MAR490　　　79
MAR820　　　80
MAR870　　　81
MR410　　　76
MR420　　　76, 77
MR430　　　77
MR470　　　76, 78
MR480　　　78
MR510　　　79
MR520　　　80
●B系 リアエンジンバス
B800J　　　82
B805J　　　82
B806L　　　5
B806N　　　82
B820J　　　82
B905N　　　83
B906R　　　5, 83, 84
B907S　　　84
●その他
国鉄向けレール道路併用アンヒビアンバスの試作車　75

日野自動車工業
●日野トレーラ バス
T11B＋T25　　　86
T13B＋T26　　　6, 86
●BH系 ボンネットバス
BH10　　　87, 88
BH13　　　88
BH14　　　88
BH15　　　7, 89
●日野 東芝 トロリーバス
TR20　　　90
TT10　　　90
●日野コンマース ミニバス
PB10P　　　91
PB11B　　　91
●レインボー BM系 K／T
BM320K　　　92
BM320T　　　7, 93
●RM系 中型 リアエンジンバス
RM100　　　94
●RL系 中型リアエンジンバス
RL100　　　95
RL300　　　95
●ブルーリボン BD系
BD10　　　96
BD12　　　6
BD14　　　6, 97
BD14P　　　98
BD15　　　98
BD15P　　　98
BD30　　　96
BD35P　　　99
BD系 宣伝カー　97

●ブルーリボン BG系
BG12　　　99
●ブルーリボン マイナー BK系
BK11　　　100
BK32　　　100
●ブルーリボン BL系
BL10　　　100
●ブルーリボン BN系
BN10P　　　101
BN11　　　101
BN31　　　101
BN31P　　　101
●ブルーリボン BQ系
BQ10PK　　　102
●ブルーリボン BT系
BT10　　　102
BT11　　　102
BT31　　　103
BT51　　　103
BT71　　　104
BT100　　　104
●RA系 リアアンダーフロアエンジンバス
RA100P　　　105, 106
RA120　　　105
RA900P　　　106
●RB系 リアアンダーフロアエンジンバス
RB10　　　6, 107
RB120　　　107
●RC系 リアアンダーフロアエンジンバス
RC10P　　　108
RC100P　　　108
RC120　　　109
RC300　　　109
RC300P　　　110
RC320　　　109
RC320P　　　110
●RD系 リアエンジンバス
RD100　　　111
RD120　　　111
●RE系 リアエンジンバス
RE100　　　112
RE120　　　7, 112
●RV系 リアエンジンバス
RV100P　　　113
RV530P　　　113
●RX系 リアエンジンバス
RX10　　　114
●その他
ちよだ ST 国鉄バストレーラ　114

日産ディーゼル工業
●ミンセイ BS系 ボンネットバス
BS22　　　116
BS24　　　116
BS60　　　116
●ミンセイ KB3系 ボンネットバス
KB3A　　　117
KB3B　　　117, 118
KB3T　　　117
●ミンセイ BN／BE系 ボンネットバス
BE31　　　119
BN32　　　119
●ミンセイ キャブオーバーバス
KB2LC　　　120

●ミンセイ コンドル ジュニア BR20系
BR20　　　120
BR21　　　120
●ミンセイ コンドル BR30系
BR30　　　8, 121, 122, 123
BR31　　　8, 121
BR32a　　　122
BR32b　　　122
●ミンセイ コンドル BR300系
BR324　　　123
BR326　　　124
BR341　　　124
BR351　　　124
●ミンセイ B80系 ボンネットバス
B80　　　125
●RX系 リアエンジンバス
ミンセイ RX80　　　126
ミンセイ RX91　　　126
ミンセイ RX101　　　126
ミンセイ RX102　　　127
RX102　　　127
●ミンセイ RS／RF系 リアエンジンバス
コンドル RF85　　　128
コンドル RF91　　　128
コンドル RF102　　　129
コンドル RFA101S　　　129
イーグル RS90　　　128
●4R系 リアエンジンバス
4R82　　　130, 131
コンドル 4R92　　　131
コンドル 4R93　　　132
4R110　　　134
4RA92　　　131
4RA93　　　132
4RA94　　　132, 133
4RA95　　　133
4RA103　　　130, 133
4RA104　　　9, 134
●5R系 リアエンジンバス
5R94　　　135
5RA104　　　135
5RA106　　　135, 136
5RA110　　　136
●6R系 リアエンジンバス
6R110　　　140
6RA110　　　139
6RA111　　　9, 140
コンドル 6RF100　　　137
6RF101　　　9
コンドル 6RF101　　　9
コンドル 6RFA101　　　137
6RFA101　　　8
6RFA103　　　138, 139
コンドル 6RFL101A　　　138
●V8R系 リアエンジンバス
V8RA120　　　141
●PR系 リアエンジンバス
PRA105　　　142
●その他
金剛トレーラ バス　118
ガスタービン実験車　141

日産自動車

●ニッサン 90系 セミキャブオーバーバス
90型　　144
90型 代燃車　144
91型　　144

●ニッサン 290系 ボンネットバス
290　　10, 145
J290（1950年）　146
M290（1950年）　10, 146

●ニッサン 390系 ボンネットバス
390　　10, 147
492　　148

●ニッサン 590系 ボンネットバス
MG590　148
MG592　148

●ニッサン 690系 ボンネットバス
UG690　10, 149, 150

●キャブスター マイクロバス
キャブスター GKA320　151
キャブスター GKA321　151
キャブスター GKPA321　151

●キャブオール マイクロバス
KC42　152
KC140　152, 153
KC141　153, 154
KC240　154
VC40B　152

●エコー系 ライトバス
キャブオール マイクロバス　155
ニッサン ジュニア マイクロバス　155
KC140　155
GC140　156
キャブオール エコー GC140　156
エコー GC141　11, 156
エコー GHC141　157, 158
エコー GQC141N　157
エコー GC240N　158
エコー GHC240　158
エコー GHC240W　159
エコー GHQC240W　159
シビリアン GHC240　160
シビリアン GHC240W　160
シビリアン GHQC240　160

●ニッサン キャブオーバーバス
ニッサン 180（改）　161

●キャブスター E590系
キャブスター E590　161
キャブスター E592　161

●キャブスター E690系
キャブスター E690　11, 162, 163
ニッサンバス E690　163

●コロナ リアエンジンバス
BU90　164

●UR690系 リアエンジンバス
UR690　165, 166
NUR690　166

●JUR690系 リアエンジンバス
JUR690　167

プリンス自動車工業

●ホーミー系 マイクロバス
プリンス ホーミー B640　169
プリンス ホーミー B640A　169
プリンス ホーミー B641　169
ニッサンプリンス ホーミー B641　170
ニッサンプリンス ホーミー B641A　12

●クリッパー系 マイクロバス
A型標準宣伝車 AKVG　170
マイクロバス AQVH-2M　171
スーパークリッパー BQVH-2M　171
スーパークリッパー B431　171

●ライトコーチ
プリンス ライトコーチ　172
プリンス ライトコーチ BQBAB-2　172
プリンス ライトコーチ BQVH2L　12
プリンス ライトコーチ 632　172
プリンス ライトコーチ 654　173
プリンス ライトコーチ 657B　169
プリンス ライトコーチ 658B　169
ニッサンプリンス ライトコーチ B657B　12
ニッサンプリンス ライトコーチ B664B　173
ニッサン ライトコーチ B664B　173

トヨタ自動車工業

●トヨダDA／トヨタDB ボンネットバス
トヨダ DA バス　175
トヨタ DB バス　175

●BL／FL系 ボンネットバス
BL 低床式バス　176
FL 低床式バス　176

●FY／BY系 ボンネットバス
BY　177
FY　177

●FB／BB系 ボンネットバス
BB　178
FB　178

●FB60系 ボンネットバス
FB60BA　179

●FB70／DB70系 ボンネットバス
DB70　180
DB75　180
FB70　180

●FB80／DB80系 ボンネットバス
DB80　181
FB80　13, 182, 183
FB80 レントゲン車　183
FC80 レントゲン車　183

●DB90系 ボンネットバス
DB95　13, 184, 185

●FB／DB100系 ボンネットバス
DB102　187
DD105　13, 186
FB100　186

●トヨタ キャブオーバーバス
BM　188
FB75C 宣伝車　189
FC80（改）　189
FX/BX 宣伝車　188
FY　188

●DB100C系 キャブオーバーバス
DB105C　15, 190
FB100C　191

●ハイエース コミューター
ハイエース コミューター PH10B　192, 193
ハイエース コミューター RH15B　192, 193
ハイエース コミューター RH16B　193

●RK系 ライトバス
トヨペット ライトバス　194
トヨペット RKライトバス　194
トヨペット RK70　195
トヨペット RK75　195
トヨペット 小型バス RK75B　195
トヨペット 小型バス RK85B　196
トヨペット ダイナ マイクロバス RK95B　196
トヨペット ダイナ マイクロバス RK150B　196
トヨペット マイクロバス RK160B　14, 197, 198
トヨペット ダイナ マイクロバス RK160B　197
トヨタ ライトバス RK170B　14, 198, 199
トヨタ ライトバス RK171B　199
トヨタ ライトバス JK170B　199
トヨタ コースター RU18　14, 200
トヨタ コースターDX RU19-HD　200
トヨタ モーターホーム MP20　200

●BW系 リアエンジンバス
BW　201

●FR系 リアエンジンバス
FR　201, 202

●DR系 リアエンジンバス
DR10　203, 206, 207
DR11　204, 205, 206
DR15　15, 204, 205, 207

ダイハツ工業

●V100系 マイクロバス
V100　209
SV151N　209, 210, 215
デルタ SV16N　210
デルタ SV17N　210

●ベスタ／V200系
ベスタ マイクロバス　211
ベスタ FPO　211
DV30N-1　215
DV200N　211, 212, 213
DV201N　214
SV20N　214
SV25N　215
SV35N　214
SV37N　16, 215

●ダイハツ リアエンジンバス
ダイハツ リアエンジンバス　216

東洋工業

●マツダ マイクロ／ライトバス
D1500 マイクロバス　218
DVA12（改）　218
E2000 シンプルバス　219
AEVA-A　220
AEVA-B 幼児用ライトバス　220
AEVA-C ライトバス　219
AEXA-A　220
AEXA-C　219
パークウェイ18 EVK15　222
パークウェイ26 AEVB　221
パークウェイ26 AEXC　16, 221
パークウェイ ロータリー26 TA13L　221
DUC9　222

いすゞ自動車

いすゞ自動車の沿革

　いすゞ自動車のルーツは嘉永6（1853）年、石川島に設立された徳川幕府の造船所に始まり、幾多の変遷を経て明治26（1893）年には株式会社東京石川島造船所になった。

　同社は、大正3（1914）年3月に勃発した第一次世界大戦をきっかけに自動車の製造に乗り出すこととなり、7年にはイギリスのウーズレー社と提携して製造権と東洋における一手販売権を獲得した。これによって同社はウーズレーの乗用車とトラックの生産を開始した。

　昭和2（1927）年に至り、ウーズレー社との契約を解除して自社設計の純国産車「スミダ」を製造することとなり、昭和4（1929）年5月に自動車部を分離独立させて株式会社石川島自動車製作所を設立した。昭和8（1933）年、自動車工業への改称を経て、翌9（1934）年には、商工省標準形式自動車を伊勢神宮の五十鈴川に因んで「いすゞ」と命名。これがいすゞの社名の由来である。その後、昭和12（1937）年4月に東京自動車工業株式会社、昭和16（1941）年4月にヂーゼル自動車工業株式会社と変遷し、昭和24（1949）年7月には商号を現在のいすゞ自動車株式会社に変更して現在に至っている。

日野製造所の独立

　東京自動車工業は昭和16（1941）年、国策によるディーゼル自動車の生産強化のため、三菱重工業、日立製作所、池貝自動車および川崎車両4社の技術参加を受けヂーゼル自動車工業と改めたが、その際の許可付帯事項により、東京府南多摩郡日野町に同年落成していた日野製造所を翌昭和17（1942）年5月1日に日野重工業（後の日野自動車工業）として独立させ、装甲軌道車の生産に専念することとなった。

ウーズレーCG（1925年）　石川島自動車製作所
ウーズレー社の図面により製作。CG型4気筒ガソリンエンジン搭載。

スミダR（1932年）　石川島自動車製作所
鉄道省バス。〈D6〉G-SV-L6-7700cc 100hp

いすゞBX40（1939年）　東京自動車工業
商工省標準形式バス。〈GA40〉G-SV-L6-4390cc 72hp

● BX系 ボンネットバス ●

BX91（1948年）ヂーゼル自動車　L7840 W2400 H2700 WB4300 70km/h　〈DA43N〉D-L6-5103cc 85hp　定員42名
1947年9月にBX80（ガソリン）、翌48年1月にBX91（ディーゼル）完成。真空倍力装置付ブレーキ、自動車ラジオ採用。

BX91 国鉄バス（1950年）　定員50名
フェンダーの形状が次期モデル（1951年型）との中間型。1949（昭和24）年7月1日、ヂーゼル自動車からいすゞ自動車へ社名変更している。

BX95（改）ツインバス（1950年）
L11100 W2400 H2750
WB4300＋4300 60km/h
〈DA45〉D-L6-5103cc 90hp　定員75名
BX91にシャシを改造結合した双子バスで、青森県の八戸市交通局に納入された。

BX95 デラックスバス（1951年） L8790 W2450 H2840 WB5000 〈DA45〉D-L6-5103cc 90hp 定員42名
天井窓による採光、前後5段可動装置付シート、自動開閉式の出入口扉、ゴムマット採用等の斬新な設計。

BX91（1951年） L7920 W2450 H2840 WB4300 80km/h 〈DA45〉D-L6-5103cc 90hp 帝国ボデー架装
1947年から製作開始した本格的な低床式バス。ガソリンエンジン（DG32型）搭載車はBX81。

TA10 ライトバス（1951年2月完成） WB3200 〈DA75〉D-L4-3402cc 60hp 定員15名
3トントラック、パトロールカー、ライトバス用に開発された。ガソリンエンジン（〈DC32〉L6-4390cc 90hp）搭載車はTA20。

BX41（1955年発表）
L7520 W2200 H2820 WB4000
〈DA48〉D-L6-5654cc 100hp　定員35名
WB4000mmのBX41は地方路線用として、山坂や小回りの多い地域に迎えられた。ガソリンエンジン（〈DG32〉L6-4390cc 90hp）搭載車はBX43。

BX40系の運転席と客室。

BX41（ディーゼル）／BX43（ガソリン）のサイドビュー（1955年）。

BX131（**1957年**）　L7620 W2200 H2745 WB4000 〈DA110〉D-L6-5654cc 105ps
狭い道路や山間僻地に最適。ガソリンエンジン（〈GA110〉L6-4390cc 105ps）搭載車はBX231。WB4300mmのBX141は、路線用に最適なバスであった。

BX151（**1957年**）　L9420 W2450 H2970 WB5200 〈DA120〉D-L6-6126 118ps
ガソリンエンジン（〈GA110〉L6-4390cc 105ps）搭載車はBX352。

1957年のBX系のカタログの表紙イラスト。

1957年からBX系のグリルに丸型の補助灯が追加された。

BX352(1958年)　L9420 W2450 H2977 WB5200 80km/h 〈DA120〉D-L6-6126cc 120ps
BX系ボンネットバスは1958年からフェンダーモールを追加、DA120型エンジンは120psにアップした。

BX331(1958年)　L7620 W2200 H2945 WB4000　〈DA120〉D-L6-6126cc 120ps
WB4000mmのBX331は、狭い道路や山間僻地に最適とされた。

BX341(1958年)　L8220 W2450 H2945 WB4300 76km/h 〈DA120〉D-L6-6126cc 120ps
BX91の系統を引く標準型バス。

BX531（1960年）　L8305 W2450 H2935 WB4300
〈DA120〉125ps

BX521（1960年）　L7705 W2200 H2935 WB4000
〈DA120〉125ps

1960年にBXボンネットバスは戦後型へフルモデルチェンジして500系になった。整備性の良いアリゲーター式ボンネットを採用し、DA120型エンジンは125psにアップしている。

BX552（1960年）　L9505 W2450 H2965 WB5200 80km/h　〈DA120〉D-L6-6126cc 125ps　定員61名

BX752（1962年）　L9505 W2450 H2965 WB5200　〈DA640〉130ps
1962年からDA640型130psエンジンを搭載して700系になった。WB4300mmのBX731もある。

BXD50（1964年）　L9505 W2450 H2965 WB5200 80km/h 〈DA640〉D-L6-6373cc 130ps
型式がBXDに変更され、またマイナーチェンジでシールドビーム式前照灯を採用している。WB4000mmはBXD20、4300mmはBXD30。

BXD50（1965年）　L9505 W2450 H2965 WB5200 〈DA640〉D-L6-6373cc 130ps
マイナーチェンジで4灯式前照灯を採用。BX系ボンネットバスの最終モデルである。

BXD30（1965年）　L8305 W2450 H2935 WB4300 76km/h 〈DA640〉D-L6-6373cc 130ps
7列シート配列で小回りのきく標準車。

● TS系 4輪駆動バス ●

TS341 4輪駆動バス（1958年） WB4000 〈DA120〉D-L6-6126cc 120hp
TS系4輪駆動トラックがベースのバスで普通車の1.6倍の登坂力を持ち、山間の悪路、砂地、泥濘地等を自在に走行できる。

TS543 4輪駆動バス（1960年） WB4000 〈DA120〉D-L6-6126cc 125ps
ヘッドライトのガードに変化。

TSD40 4輪駆動バス（1962年） WB4000 〈DA120〉D-L6-6126cc 125ps
TSDに型式変更してトラック系は一枚ガラスを採用した。ヘッドライトのガードに変化。

●BX系 キャブオーバーバス●

BX92（1949年1月完成）
WB4300 〈DA43〉D-L6-5100cc 90hp 定員50名
BX91型ボンネットバスをキャブオーバーにしたもの。エンジンはローラーで引き出して整備する。

BX731E（1962年）　L8350 W2450 H2960 WB4300 76km/h 〈DA640〉D-L6-6373cc 130ps　定員58名
BX-E系はキャブオーバー専用シャシを採用。WB4000mmはBX721E。

BXD30E（1964年）　L8350 W2450 H2960 WB4300 76km/h 〈DA640〉D-L6-6373cc 130ps
型式がBXDに変更され、ウインカー形状が変化。1962年10月完成。

● BF系 キャブオーバーバス ●

BF30（1967年）
L8490 W2450 H3150 WB4400
80km/h 〈DA640〉D-L6-6373cc
130ps 定員64名
BF系キャブオーバーバスはBX-E系の後継車。

BF20（1970年）
WB4000 〈DA640〉D-L6-6373cc
130ps
WB4000mmのショートホイールベース車。

● BD系 キャブオーバーバス ●

BD40（1971年）
L8970 W2450 H3240 WB4700
〈DH100〉D-L6-10179cc 195ps
定員64名
TD系8トントラックベースのキャブオーバーバス。

● エルフ系 マイクロバス ●

TL251B（1959年8月発表） L4690 W1690 H1980 WB2460 100km/h 〈GL150〉G-L4-1491cc 60ps　定員15名
1960年にはディーゼルエンジン（〈DL200〉L4-1999cc 52ps）搭載のTL151Bが追加された。

TL251B（1962年） L4690 W1690 H1990 WB2460 105km/h 〈GL150〉G-L4-1491cc 72ps
マイナーチェンジでグリルが変更され、馬力も72psにアップした。

TLG20B（1963年） L4690 W1690 H1990 WB2460 〈GL150〉G-L4-1491cc 72ps　定員15名
車体のエンブレムが変更されている。またディーゼルエンジン（〈DL201〉L4-1991cc 55ps）搭載車はTLD20D。

TLG21B（1966年） L4690 W1690 H1990 WB2460 105km/h 〈GL201〉G-L4-1991cc 85ps
マイナーチェンジでグリルが変更されている。

TLG22B（1969年） L4690 W1695 H1965 WB2460 〈G201〉G-L4-1951cc 88ps
フルモデルチェンジされた。ディーゼルエンジン（〈C221〉L4-2207cc 65ps）搭載車はTLD22B。

ジャーニーS KA50B（1970年） L4665 W1695 H1985 WB2465 〈G161〉G-L4-1584cc 75ps　定員15名
ジャーニーSと命名。それまでのエルフ200（2トン）ベースからエルフ150（1.5トン）ベースになった。

● TL／BL系 ライトバス ●

エルフ TL151 ライトバス（1961年）
L5100 W1935 H2325 WB2460
〈DL200〉D-L4-1991cc 52ps　定員17名
ガソリンエンジン（〈GL150〉L4-1491cc 60ps)
搭載車はTL251。

BL171（1961年）　L5410 W1860 H2180 WB2700 80km/h　〈DL200〉D-L4-1991cc 52ps　定員21名
小型車の割に大きな収納力を持つモノコック構造を採用。ガソリンエンジン（〈GL150〉L 4 -1491cc 60ps)搭載車はBL271。

BL371（1962年）　L5410 W1860 H2180 WB2700 85km/h　〈DL201〉D-L4-1991cc 55ps　定員21名
グリルをマイナーチェンジ。55馬力にアップしたDL201型ディーゼルエンジンに換装。

BLD10（1963年） L5410 W1860 H2180 WB2700 85km/h 〈DL201〉D-L4-1991cc 55ps 定員21名
グリルをマイナーチェンジして4灯式を採用した。1964年にはC220型ディーゼルエンジンに換装してBLD11となる。

BLD20（1966年） L5990 W1960 H2280 WB3170 85km/h 〈C220〉D-L4-2207cc 62ps 定員25名
フレーム付のバスで、スマートなスタイルにフルモデルチェンジした。

BLD22（1969年） 〈C221〉D-L4-2207cc 65ps
馬力が65psにアップしたC221型エンジンを搭載。ガソリンエンジン（〈G201〉L4-1951cc 88ps）搭載車はBLG22。1970年にジャーニーMと命名され、さらに馬力アップした。ガソリンエンジン（〈G201〉1951cc 93ps）搭載車はBLG22、ディーゼルエンジン（〈C240〉2369cc 74ps）搭載車はBLD23。

ジャーニーM BLD22（1971年）
L5990 W1960 H2330 WB3170
〈C240〉D-L4-2369cc 74ps　定員26名
フルモデルチェンジ。ガソリンエンジン（〈G201〉L4-1951cc 93ps）搭載車はBLG22。

ジャーニーM BLD30（1973年）
L6160 W1995 H2410 WB3080
105km/h 〈4BA1〉D-L4-2775cc
85ps　定員26名
85psディーゼルエンジンを搭載したデラックスタイプ。100psガソリンエンジン搭載車もある。

ジャーニーL BE20D（1973年）
L6865 W1985 H2370 WB3785
〈4BB1〉D-L4-3595cc 100ps
定員29名
BY系バスの後継車で、100馬力直噴エンジンを搭載している。

●BY／BK系 中型バス●

BY30K（1968年） L7130 W2100 H2565 WB3700 100km/h 〈D400〉D-L6-3989cc 102ps 定員29名
TY系4トントラックベースのキャブオーバー型バス。

BY31（1970年） L6990 W2100 H2585 WB3700 110km/h 〈D500〉D-L6-4978cc 125ps 定員29名
エンジンをD500型に換装。さらに1971年には130psに馬力アップした。

ジャーニーK BK30（1972年）
L8200 W2300 H2830 WB370
110km/h 〈D500〉D-L6-4978cc
130ps 定員42名
セミモノコック構造の中型バスで、翌年には直噴ディーゼル6BB1型145psエンジンを搭載したBK32に発展。

●BX-X系 リアエンジンバス●

BX91X（1951年9月完成）〈DA45〉D-L6-5103cc 90hp　定員52名
BC10に続いて完成したモノコック構造のリアエンジンバスで、エンジンは縦置。

BX85X（1952年7月発表）　WB5020　〈DG32〉G-L6-4390cc 90hp
ガソリンエンジン搭載のWB4150mmのバスはBX81X。

BX97X（1953年7月発表）　WB4600　〈DA45S〉（スーパーチャージャー）D-L6-5103cc 103hp　定員57名
シャシを持ったセミフレーム構造で、曲げ剛性の高いことから山間地を走る観光用に適した設計。BB系のルーツ。

●BX-V系 リアエンジンバス●

BX91V（1953年）〈DA45S〉D-L6-5103cc 103hp
フレームレス構造のボディで、ルーツブロアー式過給機（スーパーチャージャー）付エンジンを後部に縦置している。

●BB系 リアエンジンバス（フレーム付）●

BB351 中扉 路線向（1957年） L9210 W2450 H2950 WB5000 〈DA120〉D-L6-6126cc 118ps 定員62名
フレーム付バスの要望に応えて1956年11月完成。中扉のBB351はWB5000mm、前扉のBB341はWB4200mm。

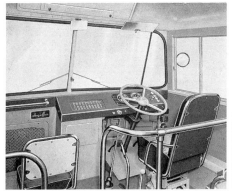

BB系フレーム付リアエンジンバスの運転席。

BB341 前扉 観光向（1958年）　L9210 W2450 H2950 WB4200 〈DA120〉D-L6-6126cc 120ps
馬力アップした1958年のモデルで、主要部分はBX系ボンネットバスと共通。

BB541（1960年）　L9200 W2450 H2960 WB4200 〈DA120〉D-L6-6126cc 125ps／155ps（ターボチャージャー）　定員64名
BB500系は馬力アップしたDA120型エンジンを搭載。中扉のBB551はWB5000mm。

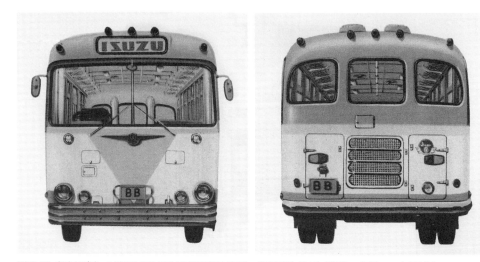

BB741（1960年）　L9200 W2450 H2960 WB4200 〈DA640〉D-L6-6373cc 130ps　定員69名
BB700系はエンジンをDA640型に換装している。BB741は前扉でWB4200mm、BB751は中扉でWB5000mm。

●BS系 リアエンジンバス（フレーム付）●

BS10（1967年） L9150 W2480 H3110 WB4300 〈DA640〉D-L6-6373cc 130ps 定員71名
BS系はフレーム付で、BB系フレーム付リアエンジンバスの後継車。

●BA系 リアエンジンバス（フレームレス）●

BA341A（1956年）
L9210 W2450 H2925 WB4800
〈DA120〉D-L6-6126cc 118hp 定員62名
BA351Aは中扉で、WB5000mm。

BA341C（1957年） L9130 W2485 H2950 WB4800 〈DA120〉D-L6-6126cc 118hp 定員62名
オーバードライブ付5速シンクロメッシュ式トランスミッションで、観光用に最適。西日本車体工業架装。

BA341A（1957年）
L9210 W2450 H2925 WB4800
〈DA120〉D-L6-6126cc 118hp
定員62名
川崎航空機工業架装。

BA341D（1958年） L9210 W2450 H2970 WB4800 〈DA120〉D-L6-6126cc 120hp 定員62名
富士重工業架装。他に中扉専用のBA343（WB4200mm）、BA351（WB5000mm）がある。

BA351B（1957年） L9230 W2485 H2960 WB5000 〈DA120〉D-L6-6126cc 118ps 定員63名
帝国自動車工業架装。路線用、観光用として用途の広いリアエンジンバス。

BA351D（1957年） L9210 W2450 H2970 WB5000 〈DA120〉D-L6-6126cc 118hp 定員63名
富士重工業架装。BA343、351は中扉専用。

BA341P（1958年）
L9210 W2450 H2925
WB4800 〈DA120〉
D-L6-6126cc 120ps
定員62名
1958年にDA120は120馬力に
アップ。車両型式末尾にPが
付くのはエアサス車。

BA541P（1960年）
L9200 W2450 H2960
WB4800 88km/h
〈DA120〉D-L6-6126cc
125ps 定員64名
ターボ仕様は155ps。BA500系
の前扉タイプはBA541がWB
4200mm、BA551はWB5000mm。
中扉タイプはBA543で、WB
4300mm。

BA541（1960年）　L9200 W2450 H2960 WB4800　〈DA120〉D-L6-6126cc 125ps／155ps（ターボ）　定員64名
リーフサス仕様。BA543、551は中扉専用。

BA741（1961年）　L9150 W2450 H3030 WB4300　〈DA640〉D-L6-6373cc 130ps／170ps（ターボ）　定員71名
パワーアップしたDA640型エンジンを搭載。

左写真はBA741（1961年）のリアビュー。車体のいすゞマークが、1962年から変更された（右写真）。

BA741(1965年) L9150 W2450 H3030 WB4300 87km/h 〈DA640〉D-L6-6373cc 130ps
BA743は中扉専用で、BA741は前扉車。

BA741(1965年) L9150 W2450 H3030 WB4300 87km/h 〈DA640〉D-L6-6373cc 130ps 定員71名
BA741、731は1965年で終了し、BA01～30系に移行した。

BA743N 狭隘路線用(1965年) WB4300 〈DA640〉D-L6-6373cc 130ps／170ps（ターボチャージャー）
BA743は中扉専用で、末尾のNは狭隘（きょうあい）路線用を表し、標準車より車幅が狭い。

BA01N 狭隘路線用（1969年） L8070 W2250 H3060 WB3900 80km/h 〈DA640〉D-L6-6373cc 130ps
車両型式名末尾のNは狭隘路線用で、BA01は中扉、05は前扉。

BA05N 狭隘路線用（1969年） L8570 W2250 H3060 WB3900 80km/h 〈DA640〉
D-L6-6373cc 130ps
9列シートのコンパクトなリアエンジンバスで、BA01と同じホイールベースの前扉タイプ。

BA20（1970年） L9150 W2450 H3030 WB4300 〈DA640〉D-L6-6373cc 130ps 定員71名
BA01、05はWB3900mm、BA10、20はWB4300mm、BA30はWB4800mm。

●BR系 リアエンジンバス（フレームレス）●

BR151P（1960年） L9650 W2450 H3050 WB4800 〈DA120T〉D-L6-6126cc 160ps 定員74名
BR系はBA系のボディにターボチャージャー付エンジンを搭載したもの。

BR151P（1960年）のフロントとリア。1960年代前半までバスは3分割のリアウィンドウだった。

BR20（1964年） L9650 W2450 H3050 WB4800 〈DA640T〉D-L6-6373cc 170ps 定員77名
ターボ付エンジンもDA120T型（160ps）からDA640T型（170ps）へパワーアップ。

●BC系 リアエンジンバス（フレームレス）●

BC10（1950年10月末完成）
L9820 W2450 H2850 WB5300
77km/h 〈DA80〉D-V8-6804cc
117hp 定員75名
新開発のV型8気筒ディーゼルエンジンをリアに横置に搭載。フレームレス式で、ニュー・マグネチックシフター（空気電気式）を採用し、ギアチェンジのリモートコントロールを容易にした。

DA80型 V8ディーゼルエンジン。

エンジンが横置のため、交角を有して動力伝達される。

BC20-1（1955年7月生産開始）　L10300 W2480 H3000 WB5350　〈DH10〉D-L6-9348cc 150hp/180hp（スーパーチャージャー）
定員74名
欧米車に比肩し得る本格的な大型級のリアエンジンバスとして製作。DH10型エンジンは川崎航空機と協力して開発した。

BC20(1958年)　L10300 W2480 H3030 WB5350 73km/h 〈DH10〉150hp/180hp(スーパーチャージャー)　定員74名
BC20は大型観光バス市場でヒットして、生産台数が飛躍的に増大した。

BC151(1960年)　L10400 W2490 H3050 WB5335 〈DH100〉D-L6-10179cc 180ps/230ps(スーパーチャージャー)　定員81名
1959年に、DH10型をボアアップしたDH100型エンジンを搭載したBC151を開発した。DH100型180psエンジンはリアに横置し、変速機は60度の交角を有して伝達している。スーパーチャージャーはオプション。

BC151（1959年）　L10400 W2490 H3050 WB5335 〈DH100〉D-L6-10179cc 180ps／230ps（スーパーチャージャー）　定員81名
ショートフロントオーバーハングのBC151B、ショートWB（4800mm）のBC141、ロングWB（5600mm）のBC161もある。

BC161P（1962年）　L10665 W2490 H3050 WB5600 〈DH100〉D-L6-10179cc 190ps／230ps（スーパーチャージャー）　定員82名
DH100型エンジンは190psにパワーアップした。末尾Pはエアサス車を表す。

●トロリーバス●

補助エンジン付トロリーバス　東京都交通局321形（1957年）〈DA78〉D-L4-3769cc 58ps
池袋〜亀戸間には国鉄、東武、京成の踏切があって、異電圧平面交差のため、踏切通過の際には補助エンジンで走行した。

● **BU系 リアアンダーフロアエンジンバス（フレームレス）** ●

BU05D（1970年） L10080 W2460 H3150 WB4800 100km/h 〈D920H〉D-H6-9203cc 175ps
リアアンダーフロアエンジンバスは、シリンダーを横に倒してエンジンの全高を抑えることで、平坦な床面を最後部まで確保できる。

BU06D（1971年） L10270 W2490 H3010 WB4840 〈D920H〉D-H6-9203cc 175ps 定員82名
車両型式末尾のDはD920H型直噴ディーゼルエンジン搭載を表す。末尾に記号がないものはDH100H型予燃焼室式ディーゼルエンジンを搭載。

BU10（1965年） L10530 W2490 H3050 WB5000 100km/h 〈DH100H〉D-H6-10179cc 190ps 定員85名
WBにより型式名が異なる。BU05(WB4800mm)、BU10(WB5000mm)、BU15(WB5200mm)、BU20(WB5500mm)。

BU10（1971年） L10500 W2460 H3150 WB5000 100m/h 〈DH100H〉D-H6-9203cc 195ps 定員89名
収容人員が多く、混雑した市街地で抜群の機動力を発揮する。ワンマンバス路線用に最適な大型バス。

BU10K（1974年）
松本電鉄(現アルピコ交通)が上高地などの山岳観光路線に使用した。

BU20 ラッシュバス（1965年） 〈DH100H〉D-H6-10179cc 195ps／230ps（ターボ） 定員97名
乗車定員増大、輸送能力向上などの要望に応えたWB5500mmの大型ワンマンバス。

BU20EP（1968年） L11000 W2460 H3150 WB5500 100km/h 〈E110H〉D-H6-11044cc 215ps 定員93名
車両型式のEはE110H型予燃焼室式ディーゼルエンジン搭載、Pはエアサス付を表す。

BU15（1966年） L10730 W2460 H3150 WB5200 〈DH100H〉D-H6-10179cc 190ps 定員87名
丸型ボディで、通称"オバQ"と呼ばれた。

BU15E（1970年） L10730 W2460 H3150 WB5200 〈E110H〉D-H6-11044cc 215ps 定員87名
WB5200mmで標準12列シート、リクライニング10列シートの観光ならびに中長距離路線用バス。

BU20EP（1967年）
WB5500〈E110H〉215ps
広い視界と余裕あるシートピッチを持つ、高速長距離用バス。

BU30P 高速バス（1964年）
L11300 W2490 H3140 WB5600
125km/h 〈DH100H〉D-H6-10179cc
230ps 定員42名
高速走行に備え、空気抵抗を極力減少させ軽量化した軽合金ボディ。WBは最長の5600mm。

BU15KP（1971年） L10810 W2490 H3100 WB5200 115m/h 〈E120H〉D-H6-12023cc 250ps 定員70名
E120H型直噴ディーゼルエンジンを搭載。ハイウェイを時速100kmでの余裕ある連続走行ができるデラックス観光バス。

● **BH系 リアエンジンバス(フレームレス)** ●

BH20P 高速バス(1969年)　L11110 W2490 H3140 WB5650 130km/h 〈V170〉D-V8-16513cc 300ps　定員59名
広く明るい室内と長距離走行にも疲れない快適さを備えた本格的高速観光バス。

高速道路を走行中のBH20P(1970年)。4バルブ・ハイカムシャフトのV170型ディーゼルエンジンを搭載し、最高時速130kmを誇る高速観光バス。

BH21P 高速バス(1973年)
L11000 W2490 H3130 WB5600 130km/h〈8MA1〉D-V8-16513cc 315ps　定員66名
V170型エンジンを直噴化した8MA1型315馬力ディーゼルエンジンを搭載した高速バス。

三菱重工業／三菱自動車工業

三菱重工業／三菱自動車工業の沿革

　三菱自動車工業のルーツは、土佐藩から分離した九十九商会が三川商会を経て明治6（1873）年、三菱商会と改称したことに始まる。その後政府から貸与されていた長崎造船所を明治20（1887）年に買いとり、翌年に改称された神戸三菱造船所において、社用車のフィアットを参考に大正7（1918）年11月、三菱A型乗用車を完成。同11（1922）年には米国テムプラー社の乗用シャシを輸入、ボディを製作し組立販売した。その後、いったん自動車生産から手を引いていたが、鉄道省（後の国鉄）が推進していた国産車の育成政策を背景に、昭和7（1932）年5月、三菱ふそうの第一号車となるB46型乗合自動車を完成。昭和10（1935）年には石油資源節約の国策に応えて、三菱初のディーゼルバスBD46型乗合自動車を完成させている。戦時下では、国策により航空機工業に転換した。また戦後はGHQによる財閥解体で東日本重工業、中日本重工業、西日本重工業に分割されて、いずれも三菱を冠することはできなかった。なお、それぞれの社名は、昭和27（1952）年4月28日の平和条約発効により三菱日本重工業、新三菱重工業、三菱造船に変更し、スリーダイヤモンドの社標使用も復活した。自動車については大型トラック・バスは三菱日本重工業が生産し、乗用車と軽自動車は新三菱重工業が生産していたが、競合製品への重複投資などから三重工合併の機運が高まり、昭和39（1964）年6月1日、再び三菱重工業が誕生。同45（1970）年には三菱重工業が自動車部門を分離して三菱自動車工業株式会社を設立して現在に至っている。

「ふそう」の由来

　「ふそう」は漢字で「扶桑」と書く。昔、中国では東の日出づる処にあると伝えられる神木を指し、日本の別称であった。実在する扶桑の木は扶桑花と書き、一般にはハイビスカスの名で知られている。中国の古書「山海経」の中で中国人が日本を称した言葉。『扶桑有碧海中　樹長數千丈一千餘圍　両幹同根　更相依倚　日所出處』

三菱A型乗用車（1918年）三菱造船・神戸造船所で20台程度作られた。

ふそう B46（1932年）
L7000 W2190 WB4600 70km/h〈T6〉G-L6-7010cc 100hp

ふそう BD46（1935年）
〈SHT6〉D-L6-7270cc 85hp

● ふそう ボンネットバス ●

B1（1946年11月完成）三菱重工業
70km/h 〈GA〉G-L6-7700cc 100hp
（後に120hp）
ガソリンエンジン搭載。戦前、鉄道省や満鉄に納入して定評のあったB46型バスをベースに設計。

B1D（1949年1月完成）
L8770 W2350 H2750 WB5000
64km/h 〈DB0〉D-L6-予燃
8550cc 100hp
ディーゼルエンジン搭載。DB型ディーゼルは戦後のふそう自動車を支えた主流エンジンで1967年1月には生産10万台を突破している。

B2（1949年12月完成）三菱重工業 〈DB0〉D-L6-予燃 8550cc 100hp
前面スタイルを大幅に改良、エンジン位置の前進によりB1より大型ボディの架装が可能になった。B2系シリーズとしてB22（WB5000mm）、B23（WB4500mm）、B24（WB5600mm）がある。

B25(1950年6月追加) 東日本重工業　WB5220　72km/h　〈DB5〉D-L6-8550cc 130hp　定員71名
1950年1月11日、GHQによる財閥解体により、三菱重工業は東日本重工業、中日本重工業、西日本重工業の3社に分割され、財閥商号・商標の使用禁止に関する政令も交付されて社名の三菱もスリーダイヤモンドの社標も禁止された。

B25(1955年6月生産開始) 三菱日本重工業　L10060 W2400 H2750 WB5220　〈DB7A〉D-L6-8550cc 130hp
DB7A型130馬力エンジンに換装してスタイルと足回りを改良。
1952年4月28日の対日平和条約発効により、東日本重工業は三菱日本重工業に、中日本重工業は新三菱重工業に、西日本重工業は三菱造船にそれぞれ社名変更し、3社ともにスリーダイヤモンドの社標使用が復活した。

B280(1956年2月生産開始)　L10120 W2480 H3000 WB5220 72km/h　〈DB7A〉D-L6-8550cc 130hp　定員71名
B200系はフロントアクスルのキングピン径を太くして、大容量のグリスポンプ室を設けた。WB4500mmのB260もある。

B370(1958年4月生産開始) L10120 W2490 H3100 WB5220 78km/h 〈DB31〉D-L6-8550cc 155hp
DB31型155馬力エンジンに換装して出力、スピードアップを図ると同時に乗り心地を改良した。外見では車幅灯がなくなった。ボンネットバスの全盛期はB2系までで、市場の主流はリアエンジンバスに移り、1961年2月で生産は打ち切りになった。B360はWB4500mm、B380はWB5600mm。

T370 全輪駆動バス(1962年)
WB4300 78km/h
〈DB31A〉D-L6-8550cc 165ps
T370型7.5トン積4輪駆動トラックに架装したバスで、悪路、泥濘(でいねい)地等不整地走行用。

●ふそう ライトバス 三菱日本重工業●

T720BA（1961年） L4675 W1690 H1990 WB2285 92km/h 〈4DQ1〉D-L4-1986cc 65ps 定員15名
ふそう キャンタートラックのシャシに架装したライトバス。

MB720（1963年4月発売） L5470 W1890 H2300 WB2750 95km/h 〈4DQ1〉D-L4-1986cc 68ps
定員21名
フレームレス構造にフルモデルチェンジ。ボディは呉羽自動車工業で架装。

MB720（1963年） L5500 W1890 H2300 WB2750 95km/h 〈4DQ1〉D-L4-1986cc 68ps
定員21名

MB720(1964年) L5500
W1890 H2300 WB2750
〈4DQ1〉D-L4-1986cc 68ps
マイナーチェンジで4灯となった。事業所間の競合車種の生産はローザとどちらかに集約するという方針により、1966年3月末、累計411台で生産が打ち切られた。

バスの裸シャシの陸送(1962年頃)。椅子は仮の木箱で風除けにムシロが使われている。

●ローザ（通称"だるまローザ"）新三菱重工業●

B10（**1960年12月発売**）　L5390 W2130 H2395 WB2950 90km/h 〈JH4〉G-L4-2199cc 76ps　定員21名
1961年2月にはディーゼルエンジン（〈KE31〉L4-2199cc 61ps）搭載のB10Dを追加。

ローザB10は、わが国初のリベットレスバスとして1960年10月に完成した。ジュピターの足回りとジープ用エンジンを利用した21人乗り小型バスである。

B20D（**1961年12月発売**）
L6250 W2130 H2490 WB3250 90km/h
〈KE36〉D-L4-3299cc 85ps　定員25名
ボディを860mm延長して定員を25名にし、KE31型エンジンをパワーアップしたKE36型を搭載している。

B21D（1963年11月発売） L7000 W2130 H2520 WB3750 90km/h 〈KE63〉D-L6-3520cc 92ps 定員29名
6気筒のKE63型ディーゼルエンジンを搭載し、ボディをB20Dよりさらに750mm延長して定員を29名にした。

B22D 路線用（1964年10月発売） L6250 W2130 H2490 WB3250 95km/h 〈KE63〉D-L6-3520cc 92ps
B22DはKE63型ディーゼルエンジンをB20Dに搭載したショートボディモデル。

B23D（1968年10月発売） L6250 W2130 H2530 WB3250 100km/h 〈KE65〉D-L6-3473cc 95ps 定員25名
KE65型ディーゼルエンジンに換装してB21DはB24Dへ、B22DはB23Dへマイナーチェンジ。エンブレム、ウインカーを変更。右のB24Dは WB3750mm。

三菱重工業
三菱自動車工業

B23Dのリアビュー。

B24D（1968年10月発売）
L6990 W2130 H2530 WB3750 100km/h
〈KE65〉D-L6-3473cc 95ps　定員29名

●ローザ(通称"ライトローザ") 三菱重工業●

B12（1966年9月発売）
L5840 W1850 H2270 WB3100 105km/h
〈KE42〉G-L4-1995cc 90ps　定員25名

B14A（1969年2月発売）
L5860 W1930 H2365 WB3100
〈4DR1〉D-L4-2384cc 75ps
定員25名
ガソリンエンジン（〈KE47〉L4-2315cc
95ps）搭載のB13Aもある。

B13（シングル）／B13A（ダブル）（1971年）
L5860 W1880／1930 H2370／2360 WB1375
〈KE47〉G-L4-2315cc 95ps
マイナーチェンジで4灯式が採用された。型式末尾にA
が付くのはダブルタイヤ仕様。

B16A（1970年7月発売） L5860 W1880 H2370 WB3100 〈4DR5〉D-L4-2659cc 80ps 定員25名
4DR5型ディーゼルエンジンに換装し、馬力アップ。

B13／B16（1970年）
B13型はガソリンエンジン(KE47)、B16はディーゼルエンジン(4DR5)搭載車。写真はB16。

B210／B215(1973年) L6120 W1980 H2415
WB3100 〈4DR5〉D-80ps／〈KE47〉G-100ps
定員26名

B360（1973年） L6875 W1980 H2450 WB3700
〈6DR5〉D-L6-3988cc 105ps 定員29名
ドライバー専用ドアを新設。

だるまローザとライトローザを統一ボディにしたB200系(B16の後継)を1973年5月に発売、9月にはB360(B24の後継)を追加した。

●電気バス●

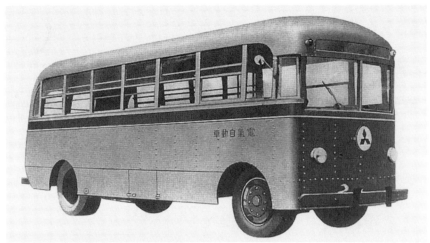

MB46 電気バス
（1947年4月生産開始）
商工省全国主要都市電気自動車普及計画に沿い、三菱電機、日本電池と共同開発。しかし営業路線では1充電あたり40kmの走行距離しか期待できない状態から脱しきれず、翌年6月生産打ち切り。生産台数107台。

TB12 トロリーバス
（1956年1月生産開始）
トロリーバスはその後、1958年6月発売のTB13、同年12月発売のTB14、1960年1月発売のTB15と続く。

ME460 路線用電気バス（1972年末試験車完成） L9380 W2490 H3060 WB4370 60km/h 定員70名
通産省工業技術院からの委託により開発。充電走行距離170km。路線バスとして神戸市に4台、京都市に7台採用された。

●MR系 中型リアエンジンバス（フレームレス）●

MR620（1965年） L7800 W2250 H2920 WB3630 105km/h 〈6DS1〉D-L6-4678cc 110ps　定員47名
1964年11月生産開始。T620型4トントラックのコンポーネンツを応用したフレームレスモノコック構造の中型バス。

MR620（1969年） L7800 W2250 H2880 WB3630 105km/h 〈6DS1〉D-L6-4678cc 110ps　定員47名
搭載している6DS1型ディーゼルエンジンは翌年には120psにアップ。

B620B（1970年5月発売） L7800 W2250 H2880 WB3630 110km/h 〈6DS5〉L6-4978cc 122ps　定員52名
MR620のボディに6DS5型ディーゼルエンジンを搭載。他にWB4130mmのB620E（定員58名）もある。

●R系 リアエンジンバス(フレーム付)●

R11（1950年1月生産開始）　L11246 W2450 H2785 WB5220 64km/h 〈DB改良型〉110hp　定員79名
当時わが国最長のバスでエンジンは縦置。1951年7月にはDB5A型エンジン(D-L6-8550cc 130hp)に換装。

R21（1952年10月生産開始）
L10340 W2400 H2855 WB5370 70km/h
〈DB5A〉D-L6-8550cc 130hp
横置エンジンになり、WB／前オーバーハングによりR21(5370mm／2130mm)、R22(5370mm／1260mm)、R23(4500mm／2130mm)、R24(4500mm／1260mm)がある。

R32（1955年9月生産開始）　L12080 W2440 H3110 WB6300 70.8km/h 〈カミンズHRFB600〉180ps　定員94名
南米チリ国交通営団から600台を受注、米国カミンズエンジンを搭載。トルコン、WB6.24m、45座席が条件であった。

R270(1955年9月生産開始)　L10240 W2450 H3030 WB5440 70km/h 〈DB7A〉D-L6-8550cc 130hp
前方オーバーハングを前扉一杯まで短縮し、曲がり角の操縦が容易になった。エンジン横置。R280はWB4570mm。

R370(1958年3月生産開始)　L10240 W2490 H3040 WB5440 75km/h 〈DB31〉D-L6-8550cc 155hp
DB31型エンジンを横置に装備。R380はWB4570mm。

R450(1958年)　L11610 WB6270 75km/h 〈DB31A〉D-L6-8550cc 155ps
1958年3月開通の関門トンネル用国鉄バス。エンジン縦置。R460はDB34A型185psターボエンジン搭載で、最高速度96km/h。

AR470(1958年7月生産開始) L10600 W2490 H3010 WB5400 82km/h
〈DB31A〉D-L6-8550cc 155ps
エアサス車。トラックとの部品共通化を図るためにR400系からエンジンは縦置に変更。
AR480はWB4530mm。

AR470(1959年) L10585 W2490 H3040 WB5400 〈DB31A〉D-L6-8550cc 155ps
定員49名
エアサス付き冷房バス。三菱ダイヤクーラーで補助エンジンはKE31型ディーゼルを搭載。

R470(1960年) L10600 W2490 H3010 WB5400 〈DB31A〉D-L6-8550cc 155ps
軽合金バス。サブフレームも総アルミを採用して軽量化を図っている。

AR820S(1962年2月生産開始)
名神高速道路開通時の高速バス。

AR470-S Aタイプ(1963年)

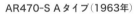

AR470-S Bタイプ(1963年)

どちらも「はとバス」。東京オリンピックを控えて導入した特注の定期観光用バスで数か国語の案内放送を装備。

国鉄向けレール道路併用アンヒビアン(amphibian:両生類)バスの試作車。1963年。

●MR系 リアエンジンバス（フレームレス）●

MR410（1970年）　L9965 W2490 H3070 WB4900　〈6DB1〉D-L6-8550cc 165ps　定員77名
全長10m以下でシートピッチ690mmの11列シートが収容できる。MRはリーフサス、MARはエアサス。

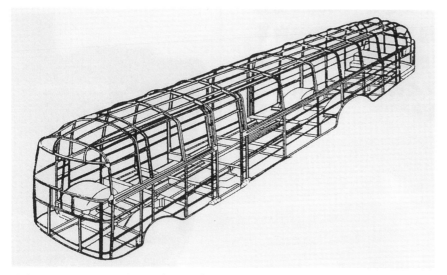

Mはフレームレスモノコック、Rはリアエンジン、Aはエアサスペンションを示す。図はMR系モノコックボディ。

MR470（1960年）

MR420（1965年）

MR420（1965年）　L11330 W2480 H3100 WB5650 96km/h 〈6DB1〉D-L6-8550cc 165ps　定員98名
2軸バスでは最大の収容力を有する経済車で、排気ターボ過給機付220psも用意されている。

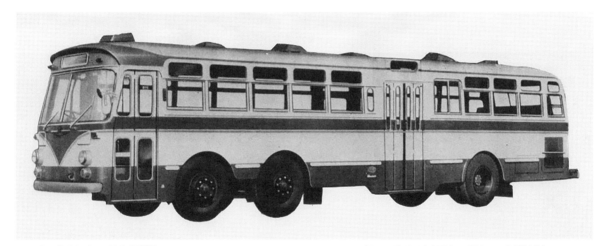

MR430（1962年10月生産開始）　L11985 W2490 H3090 WB6660 91km/h 〈6DB1T〉D-L6-8550cc 220ps　定員110名
ラッシュアワー対策として製作された110人乗りの超大型バス。前2軸は空車時、満車時とも重量配分が安定。

MAR440（1962年）　L11470 W2490 H3020 WB6270 106km/h 〈DB31〉D-L6-8550cc 165ps　定員89名
特大路線バス。13列シート配列で収容力最大の経済車。DB31T型エンジン（排気ターボ付220ps）搭載車もある。

MAR470（1965年） L10600 W2490 H3010 WB5400 〈6DB10A-R〉D-L6-8550cc 165ps
1959年8月から生産開始のMR400系は急速に高まってきたフレームレスのニーズに応えるために開発された。MAR480はWB4530mm。

MR470（1965年） L10600 W2490 H3010 WB5400 〈6DB10A-R〉D-L6-8550cc 165ps　定員83名

MR480（1961年） L9610 W2490 H3010 WB4530 〈6DB1〉D-L6-8550cc 165ps　定員71名
MR470のWB5400mmに比べて、MR480は4530mmのショートホイールベース車。

MAR490（1962年） L10200 W2490 H3010 WB5000 102km/h 〈DB31〉D-L6-8550cc 165ps/220ps 定員77名
11列シート配列で収容力の大きい経済車。ターボ付220馬力エンジン搭載車もある。MRはリーフサス、MARはエアサス。

MR510（1964年4月発売） L9150 W2450 H3090 WB4250 〈6DB1〉D-L6-8550cc 165ps 定員72名
最小回転半径7.9mで小回りを特徴とし、狭隘（きょうあい）路線に最適。

MR510 路線バス（1964年）
L9150 W2450 H3090 WB4250 80km/h
〈6DB1〉D-L6-8550cc 165ps

MR520（1970年） L9335 W2490 H3085 WB4370 80km/h 〈6DB1〉D-L6-8550cc 165ps 定員70名
ワンマンバス。ボディサイズの割に強力なエンジンと最小回転半径8.1mと小回りがきくので市内路線、山間狭隘路線に使われる。

MAR820 高速バス（1962年3月生産開始）
L10870 W2490 H3040 WB5400 134km/h
〈8DB2T〉D-V8-11404cc 290ps
DB型エンジンをV8としターボ過給した8DB2T
エンジンを搭載。

MAR820（1965年） 定員71名
高速自動車道路に備えた本格的な豪華高速バスで、排気ターボ過給機付290psを搭載している。

MAR870 準高速バス（1963年1月生産開始） L10870 W2490 H3025 WB5400 120km/h 〈8DB2〉D-V8-11404cc 220ps
無過給の8DB2型エンジン（220ps）を搭載。冷暖房完備、リクライニングシートの採用等により長距離都市間交通に威力を発揮。

MAR870（1965年） L10870 W2490 H3025 WB5400 120km/h 〈8DB2〉D-V8-11404cc 220ps
バス路線の長距離化及び観光バスのデラックス化の傾向に対応して、高出力エンジンを搭載。

MAR870（1965年） L10870 W2490 H3025 WB5400 120km/h 〈8DB2〉D-V8-11404cc 220ps 定員77名

● **B系 リアエンジンバス** ●

B800J／B805J（1967年8月発売） L10275 W2490 H3070 WB4900 110km/h 〈6DC2〉D-V6-9955cc 200ps 定員79名
DC系V型エンジン開発に伴いモデルチェンジ。800系（写真）がリーフサス、805系がエアサス。末尾の記号はWBを示す。J：4900mm、K：5200mm、L：5400mm、M：5650mm。

B806N 準高速バス（1972年） L11240 W2490 H3050 WB5700 125km/h 〈8DC2〉D-V8-13273cc 230ps
B806シリーズには他にWB5200mmのB806K、5400mmのB806Lがある。

B820J 低床式ワンマンバス（1971年）
L10405 W2480 H2850 WB4900 75km/h
〈6DB1〉D-L6-8550cc 165ps 定員89名
床面地上高を標準車より300mm低くし、フロントからリアまでフラットな床構造の低床バス。

B905N デラックス観光バス（1967年8月発売）
〈8DC2〉D-V8-13273cc 265ps　定員62名

B905N 高速バス（1967年8月発売）　L11255 W2490 H3085 WB5700 130km/h　〈8DC2〉D-V8-13273cc 265ps
時速100kmの連続走行に十分耐えるよう設計された高速バスで、ターボ付320psの8DC2型エンジンを搭載したB905NSもある。

B906R（1968年12月発売）
L11980 W2490 H3000 WB6400
140km/h
〈12DC2〉D-V12-19910cc 350ps
定員42名

B906R 高速バス（1969年） L11980 W2490 H3000 WB6400 140km/h 〈12DC2〉
D-V12-19910cc 350ps 定員42名

B906R（1970年） L11980 W2490 H3000 WB6400 140km/h 〈12DC2〉D-V12-19910cc 350ps
東名、名神など高速道路専用に設計された世界水準を行く高速バスで強力なV12-350psの12DC2型エンジンを搭載。

B907S 高速バス（1971年11月発売） L11980 W2490 H2915 WB6500 〈8DC6〉D-V8-14886cc
300ps 定員62名
B905Nベースに300psの8DC6型エンジンを搭載したセミデッカタイプのデラックス仕様。

日野自動車工業

日野自動車工業の沿革

　日野自動車のルーツは明治43(1910)年に創立された東京瓦斯電気工業株式会社に始まり、大正7(1918)年にはシュナイダー型4トン自動貨車5台を生産した。その後、国策により同社自動車部が自動車工業および共同国産自動車と合併して東京自動車工業株式会社を設立。その際、自動車製造の許可条件が日野製造所の分離独立であったことから、新たに東京府南多摩郡日野町に約20万坪の工場用地を確保。そして、東京自動車工業は、昭和16(1941)年4月、社名をヂーゼル自動車工業株式会社に改称し、翌昭和17(1942)年5月1日、日野製造所は、ヂーゼル自動車工業から分離独立して日野重工業株式会社と改め、主として陸軍の戦車、装甲車、牽引車など多種の特殊車両を製造した。資本金5000万円は全額ヂーゼル自動車工業の出資であった。日野製造所の分離独立の背景には、当時の自動車製造は商工省の統制下であったが、軍用自動車部門は陸軍が監督していたことから、陸軍としては一会社に二系統の製造部門があるのは不可としたことがある。終戦後はアメリカ第5空軍輸送班の施設として接収されたが、民需への転換許可を待って昭和21(1946)年3月27日に日野産業株式会社、昭和23(1948)年12月1日には日野ヂーゼル工業株式会社と改称、さらに昭和34(1959)年6月には日野自動車工業株式会社と改称、平成11(1999)年に日野自動車となって現在に至る。

シュナイダー型自動貨車（1917年） 東京瓦斯電気工業
2トン積チェーン駆動で最高速度24km/h。G-L4-4400cc 30hp

TGE MAバス（1930年） 東京瓦斯電気工業
G-L6-4730cc 100hp。TGEは社名の頭文字。定員32名。

ちよだSバスシャシ（1932年） 東京瓦斯電気工業
〈D6〉G-L6-7700cc 100hp。定員40名。

日野T10・T20トレーラトラック（1946年）
終戦時に残った兵員輸送車用空冷ディーゼルエンジンDB53型を搭載。

● 日野トレーラ バス ●

T11B＋T25 トレーラ バス（1947年7月完成） L5500（トラクタ）＋7050（トレーラ） W2350 H2400 〈DA54〉D-L6-10850cc 110hp 定員96名
終戦時、工場内に残されていた6トン牽引車用のDA54型水冷ディーゼルエンジンを搭載。

 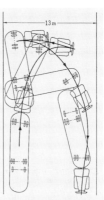

トレーラバスの直角転回。

T13B＋T26 トレーラ バス（1954年） L13850（連結時） W2400 H3050 52km/h 〈DA55〉D-L6-10850cc 115hp 定員96名
1954年7月発売。フェンダーが丸くなり、搭載エンジンはDA55型になった。最大乗車人数150名。

● BH系 ボンネットバス ●

BH10 初期型（1950年3月発売）　L9400 W2400 H2760 WB5000 70km/h 〈DS10〉D-L6-7014cc 105hp
初期型はボンネットフードのモールがない。低床式フレーム、エアブレーキ採用。

BH10 初期型（1950年）

BH10（1950年）
L9400 W2440 H2760 WB5000
〈DS10〉D-L6-7014cc 110hp　定員63名
WB5500mmのBF10、4500mmのBA10もある。

BH10 ワンマンバス（1950年）
1952年8月にDS11型110hpエンジン搭載のBH11、1954年11月にDS12型125hpエンジン搭載のBH12が発売された。

BH13（1955年11月発売）
L9950 W2450 H3000 WB5000 75km/h
〈DS30〉D-L6-7698cc 150hp　定員60名

BH14（1957年4月発売）　L9950 W2450 H3050 WB5000 75km/h 〈DS30〉D-L6-7698cc 150hp　定員60名
日野のボンネットバスにはショートホイールベース（4500mm）のBA系、ロングホイールベース（5500mm）のBF系もあった。

BH15(1960年7月発売)
L9820 W2450 H3050 WB5000
88km/h 〈DS50〉D-L6-7982cc
155ps 定員66名
BH15がBHシリーズの最終モデル。

BH15(1961年) L9820 W2450 H3050 WB5000 85km/h 〈DS50〉D-L6-7982cc 155ps 定員66名
アンダーミラー装備。

BH15(1963年) L9820 W2450 H3050 WB5000 85km/h 〈DS50〉D-L6-7982cc 155ps 定員66名

●日野 東芝 トロリーバス●

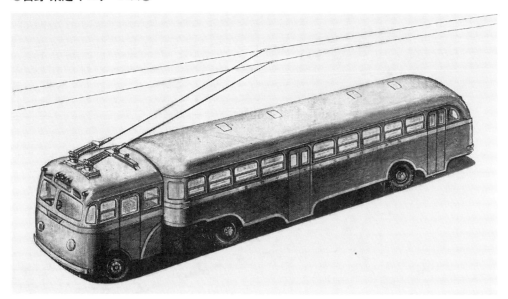

TT10 トレーラ式 トロリーバス（1955年）　L13770 W2400 H3050 WB3450（トラクタ）＋6000（トレーラ）
140馬力-600V　定員96名

TT10 トレーラ式トロリーバス（1955年）
長大なボディとトラクタから延びるポールが転回の際の難点になり、発売には至らなかった。

**TR20 トロリーバス
（1949年12月発売）**
L9970　定員74名

●日野コンマース ミニバス●

PB10P（1960年1月発売）
L3940 W1690 H1900 WB2100 82km/h
〈GP10A〉G-L4-836cc 28ps　定員10名
一般のバンがトラックベースだったのに対し、モノコック構造で商用車の理想を求めたコンマースは画期的であった。

4輪独立懸架とフロントドライブの採用で重心が低く、安定性が高い。

PB11B（1962年1月発売）
L3940 W1690 H1910 WB2100
90km/h 〈GP20〉G-L4-893cc
35ps　定員11名
エンジンをGP20型に換装。さらに1963年には出力40ps・最高速度100km/hにアップした。

●レインボー BM系 K／T●

BM320K（1965年12月発売）　L6975 W1995 H2575 WB3805　〈DM100〉D-L6-4313cc 90ps　定員29名
初期型は写真のような2灯式だった。Kは金沢産業架装を表す。

BM320K（1966年）　L6975 W1995 H2575 WB3805 95km/h　〈DM100〉D-L6-4313cc 90ps
4灯式になった。

BM320K（1970年）　L6975 W1995 H2575 WB3805 95km/h　〈DM100〉D-L6-4313cc 100ps
出力が100psにアップした。

BM320T(1965年)
L6970 W1995 H2575 WB3805
〈DM100〉D-L6-4313cc　90ps
定員29名
初期型には写真のように横長で小型のエンブレムがつく。Tは帝国ボデー架装でスケルトン構造のボディを採用。

日野自動車工業

BM320T(1970年)　L6975 W1995 H2575 WB3805 95km/h　〈DM100〉D-L6-4313cc 100ps　定員29名

BM320T(1973年)　L6975 W1995 H2575 WB3805 95km/h　〈DM100〉D-L6-4313cc 100ps
保安基準改正にあわせてウインカーの形状が変更された。

●RM系 中型 リアエンジンバス●

RM100（1964年7月発売）　L7500 W2245 H2850 WB3400 80km/h 〈DM100〉D-L6-4313cc 90ps　定員44名
立席定員を持った最小のバスで、3.5トン積トラックのレンジャーと同じエンジン、共通部品を使用する中型バス。

RM100（1967年）
L7500 W2245 H2850 WB3400
80km/h 〈DM100〉D-L6-4313cc
100ps　定員42名
出力が100psにアップした。

RM100（1965年）
L7500 W2245 H2850 WB3400
〈DM100〉D-L6-4313cc 100ps
ウインカー形状の異なるタイプ。

● RL系 中型 リアエンジンバス ●

RL100（1970年）
L7855 W2245 H2910 WB3730
100km/h 〈EC100〉D-L6-5010cc
120ps　定員51名
RM100系中型バスの後継車で、EC100
型120psエンジンを搭載。

RL100（1970年）　L7855 W2245 H2910 WB3730 〈EC100〉D-L6-5010cc 120ps　定員51名

RL300（1975年）　L8140 W2245 H2965 WB3720 115km/h 〈EH300〉D-L6-6211cc 155ps　定員52名
EH300型155psエンジンに換装してパワーアップ。

日野自動車工業

● ブルーリボン BD系 センターアンダーフロアエンジンバス ●

BD10 初期型（1952年10月発売） L10000 W2450 H2950 WB4800 70km/h
〈DS20〉D-H6-7014cc 110hp
床下エンジンは重心が低く、床面積も広く使えるのが特徴。BD10は前扉、BD30は中扉。
初期型は、バンパー形状などが異なる。

BD10（1953年） L10000 W2450 H2950 WB4800 70km/h
〈DS20〉D-H6-7014cc 110hp　定員73名

BD30 国鉄バス（1953年）新日国架装 L9620 WB4800 〈DS20〉110hp　定員66名

96

BD系　宣伝カー（1958年）

BD系の透視図。BD系センターアンダーフロアエンジンバスはエンジンが車体の中心にあり、車両に安定性がある。エアブレーキ採用。

BD14（1957年）　L10020 W2450 H3060 WB4800 75km/h 〈DS40〉D-H6-7698cc 150ps

BD14P（1958年3月発売）
L10020 W2450 H3060 WB4800
75km/h〈DS40〉D-H6-7698cc
150ps　定員73名
前扉車。Pがつくのはエアサスを表す。
中扉車はBD34とBD34P（エアサス）。

BD15 前扉（1960年9月発売）
L10100 W2460 H3130 WB4800
〈DS60〉D-H6-7982cc 155ps
DS60型155psエンジンに換装。

BD15（左）とエアサス装備のBD15P（右）。

BD35P（1960年9月発売）　L9680 W2450 H3050 WB4800 88km/h 〈DS60〉D-H6-7982cc 155ps
定員73名
中扉車。

●ブルーリボン BG系 センターアンダーフロアエンジンバス●

BG12（1958年7月発売）　L10790 W2465 H3100 WB5500 97km/h 〈DS40〉D-H6-7698cc 150hp

海外（ギリシャ）で活躍するBG12。
BG13は1960年1月発売で、DS60型
155psエンジンを搭載した。

●ブルーリボン マイナー BK系 センターアンダーフロアエンジンバス●

BK11（**1957年4月発売**）　L9170 W2450 H3080 WB4300 75km/h
〈DS22〉D-H6-7014cc 125hp
BK10（前扉）／30（中扉）は1955年11月発売で、エンジンは同じく125hpのDS22型。BK系はショートホイールベース車。

BK32（**1957年4月発売**）　L8750 W2450 H3100 WB4300　〈DS22〉D-H6-7014cc 125hp　定員65名

●ブルーリボン BL系 センターアンダーフロアエンジンバス●

BL10（**1959年**）　L10790 W2465 H3060 WB5500 115km/h　〈DS40-2〉D-H6-7698cc 200hp　定員80名
強力200hpターボチャージャー付エンジンとオーバードライブの5速ミッションを装備した高速用。

● ブルーリボン BN系 センターアンダーフロアエンジンバス（モノコック）●

BN10P（1959年10月発売）　L9450 W2460 H3090
WB4430 〈DS40〉D-H6-7698cc 150ps　定員72名
BN系はモノコックボディを採用、BNの登場でバスのモノコック化が定着していくことになる。

BN11／BN31（1960年9月発売）
WB4430 〈DS60〉155ps

BN31P（1961年）　L9030 W2460
H3130 WB4430 88km/h 〈DS60〉
D-H6-7982cc 155ps　定員70名
中扉のエアサス車。前扉はBN11P。

●ブルーリボン BQ系 センターアンダーフロアエンジンバス●

BQ10PK（1959年）
部分高床式の貸切車。

●ブルーリボン BT系 センターアンダーフロアエンジンバス●

BT10（1961年1月発売）
L9170 W2460 H3130 WB4300
〈DS90〉D-H6-7013cc 135ps
WB4300mmは山間地等に最適。

BT11（1962年4月発売）
L9170 W2460 H3130
WB4300 92.7km/h
〈DS90〉D-H6-7013cc
140ps　定員69名
馬力が140psにアップした。

BT31（1962年4月発売）　L8750 W2460 H3130 WB4300　〈DS90〉H6-7013cc 140ps　定員69名

BT51（**1966年**）　L9270 W2460 H3100 WB4300 105km/h　〈DS60〉D-H6-7982cc 155ps　定員73名
ワンマン車。

BT51（1968年）

BT71（1962年） L8750 W2460 H3130 WB4300 89km/h 〈DS60〉D-H6-7982cc 155ps 定員69名

BT100（1970年） L9945 W2460 H3010 WB4800 90km/h 〈DS60〉D-H6-7982cc 160ps 定員87名
低床式ワンマン車。

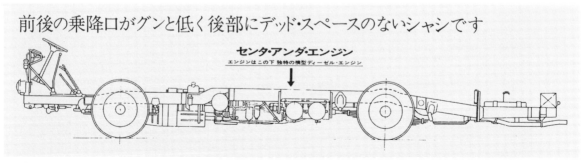

BT系センターアンダーフロアエンジンバスのフレーム。

● **RA系 リアアンダーフロアエンジンバス** ●

RA120（1964年） L11500 W2490 H3075
WB5800 140km/h 〈DS120〉D-H12-
15965cc 320ps 定員42名
リーフサスペンション採用の高速バス。

RA120はRA100Pのショートホイールベース車。0km/hから80km/hまで28秒〜33秒、400m〜450m。0km/hから100km/hまで47秒〜52秒、850m〜900m。

RA100P（1963年6月発売） L11950 W2490 H2950 WB6250 141km/h 〈DS120〉D-H12-15965cc 320ps 定員50名
エアサスで、当時世界最大320psエンジンを搭載した高速道路用バス。エンジンを後部床下に設置してひな壇（床の段差）を無くした。

RA100P（1965年）
名神高速道路の開通に合わせて開発された"超高速バス"で、国鉄バス・日本急行バス・阪神高速バスの3路線で採用された。

RA900P（1969年） 　L11850 W2490 H3060 WB6250 140km/h 〈DS140〉D-H12-17449cc 350ps　定員46名
DS140型350psエンジンに換装してパワーアップ。

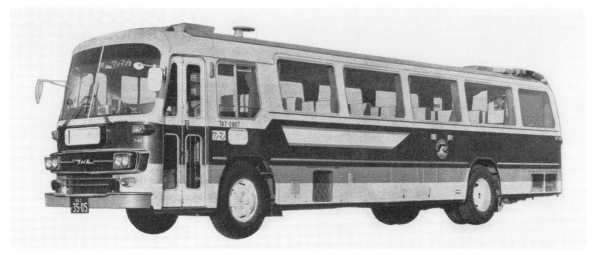

RA900P（1971年） 　L11850 W2490 H3060 WB6250 140km/h 〈DS140〉D-H12-17449cc 350ps

● RB系 リアアンダーフロアエンジンバス ●

RB10（1960年12月発売）　L10020 W2450 H3050 WB4815　89km/h　〈DS80〉160ps　定員75名

RB10（1961年7月発売）
L10020 W2450 H3050 WB4815
89km/h　〈DS80〉D-H6-7982cc
160ps　定員75名

RB120（1964年）　L10705
W2460 H3135 WB5500
〈DS80〉D-H6-7982cc 160ps
定員96名
1964年に追加されたラッシュバス
（ラッシュアワー対策として定員増
を図ったバス）。

日野自動車工業

● RC系 リアアンダーフロアエンジンバス ●

RC10P（1961年4月発売）
L10705 W2460 H3035 WB5500 〈DK20〉
D-H6-10178cc 195ps　定員82名

RC10P（1962年）　L10705 W2460 H3065 WB5500 97km/h 〈DK20〉D-H6-10178cc 195ps　定員82名

RC100P（1966年）　L10705 W2460 H3035 WB5500 110km/h 〈DK20〉H6-10178cc 195ps　定員89名

RC120(1964年追加) L10020 W2450
H3100 WB4815 105km/h 〈DK20〉
D-H6-10178cc 195ps 定員74名

RC300／RC320(1968年) L10490 W2460 H3035 WB5200 〈DK20〉 D-H6-10178cc 205／260ps(ターボ) 定員87名

RC300系のフロント(左)とリア(右)。1960年代後半になるとリア(後面)ガラスは3分割ながらスマートになる。

RC300P（1968年）　L10490 W2460 H3035 WB5200　〈DK20〉D-H6-10178cc 205／260ps（ターボ）定員87名

RC320P（1969年）　L11110 W2460 H3050 WB5670　〈DK20／DK20T〉D-H6-10178cc 205／260ps（ターボ）

RC320P（1971年）　L11190 W2460 H3075 WB5670 120km/h　〈DK20T〉D-H6-10178cc 260ps（ターボ）
デラックス観光バス。

●RD系 リアエンジンバス●

RD100（1967～1975年生産） L9285 W2460 H3060 WB4300 100km/h 〈DS70〉D-L6-7014cc 140ps 定員73名

RD100（1968年） L9285 W2460 H3060 WB4300 〈DS70〉D-L6-7014cc 140ps 定員69名

RD120（1969年追加発売） L9785 W2460 H3080 WB4800 〈DS70〉D-L6-7014cc 140ps 定員78名

●RE系 リアエンジンバス●

RE100（1968年）　L10000 W2460 H3110 WB4800 〈EB200〉D-H6-9036cc 175ps　定員82名

RE120（1969年）　L10490 W2460 H3115 WB5200 105km/h 〈EB200〉D-H6-9036cc 175ps　定員89名

RE120（1974年）　L10730 W2460 H3020 WB5200 95km/h 〈EB200〉D-H6-9036cc 175ps

● **RV系 リアエンジンバス** ●

RV100P（1967年） L11110 W2460 H2960 WB5670 120km/h 〈EA100〉D-V8-13546cc 280ps

RV100P（1967年） L11110 W2460 H2960 WB5670〈EA100〉D-V8-13546cc 280ps　定員80名
RV系はRC・REバスの技術を生かし、長距離観光用バスの先駆けとして高出力Ｖ８エンジンを搭載。

RV530P（1972年） L11170 W2460 H3070 WB5670 130km/h 〈EG100〉V8-14886cc 305ps
RV730PはEF100型280psエンジンを搭載。

日野自動車工業

●RX系 リアエンジンバス●

RX10（1960年） L10975mm W2470mm H3025mm WB5500mm 120km/h 〈DK20-T〉230ps

RX10は、名神高速道路の開通を見すえて、国鉄が1960年度に試作した高速バス。車体は耐蝕性軽合金を使用した軽量フレームレス構造で、車体側壁および天井に断熱防音材を使用すると共に窓は熱線吸収ガラスの固定窓を装備し、冷暖房効果、室内の騒音防止をはかっている。

ちよだST 国鉄バストレーラ（旅客貨物混合車）1932年
関西線（亀山～草津間）の省営バス。エンジンは水平に倒して前輪側に搭載していてアンダーフロアエンジンの先駆け。

日産ディーゼル工業

日産ディーゼル工業の沿革

　日産ディーゼル工業のルーツは、昭和10(1935)年12月に創業した日本デイゼル工業株式会社である。埼玉県川口市に工場を建設、当初はエンジンメーカーとしてドイツのクルップ社と技術提携したND型(後にKD型と改称)2サイクルディーゼルエンジンを製造した。その後、昭和14(1939)年11月にクルップ社の車両を参考に試作したトラック1号車(LD1型)を完成。昭和15(1940)年にはTT6型3.5トン積、同16(1941)年にはTT9型6トン積大型トラックの生産を開始し、昭和22(1947)年6月にはKB3A型大型バスの試作車を完成してバスの生産も開始した。日本デイゼル工業は、昭和15(1940)年に鐘淵紡績へ経営参画を要請、同17(1942)年11月には鐘淵デイゼル工業株式会社と改称、戦後は昭和21(1946)年5月に民生産業株式会社と改称して同25(1950)年5月には企業再建整備法により民生デイゼル工業株式会社として新発足した。その後、日産自動車との業務提携を経て、昭和30(1955)年1月にはGMの特許による2サイクルディーゼルの集大成ともいえるUD3型、UD4型エンジンを発表、同35(1960)年12月には日産ディーゼル工業株式会社と改称。その後、平成11(1999)年には仏ルノー社が資本参加、平成18(2006)年にはボルボ社が資本参加し、平成22(2010)年2月にUDトラックス株式会社に社名変更して現在に至っている。

日本デイゼル工業株式会社
社章

鐘淵デイゼル工業株式会社
社章

TT6型 3.5トン積トラック(1940年)
クルップ社のLD3を国産化した初のトラック。

鐘淵 15トン ブルドーザ(1944年)
当時、ブルドーザを生産するのは鐘淵デイゼル工業(海軍向け)と小松製作所(陸軍向け)の2社のみであった。

●ミンセイ BS系 ボンネットバス●

BS22（1950年） L7520 W2450 H2730 WB4300 〈KD2〉D-2C L2-2724cc 60hp 定員42名
ニッサンの290型バスシャシにKD2型エンジンを搭載したミンセイ・ブランドのバス。

BS24（1953年） L8058 W2400 H2895 WB4300 55km/h 〈KD2〉D-2C- L2-2724cc 80hp 定員49名
BS24は1953年5月に生産開始。その後ニッサン490型バスシャシにモデルチェンジされた。

BS60（1955年） L8085 W2400 H2895 WB4300 〈UD3〉D-2C L3-3706cc 110ps
2C-向合ピストン方式のKD2型エンジンからユニフロー掃気のUD3型エンジンに換装。ボンネットにUDマークがつく。またBS70はWB4700mm。

● ミンセイ KB3系 ボンネットバス ●

KB3T（1947年）　L8250 W2350 H2700 WB4350　定員53名
TT9型トラックのシャシに目黒ボデーが架装した試作バスで、1947年末から東京の営業路線で運転を開始。

KB3A（1947年）
クルップ社のバスを参考に試作した低床式バス一号車。1947年6月完成。

KB3B（1948年4月完成）　L9295 WB5300　〈KD3〉D-2C-L3-4086cc 90hp
ヘッドライトをフェンダー内に収納してスマートになった。

KB3B（1948年）　L9295 W2430 H2790 WB5300 〈KD3〉D-2C-L3-4086cc 90hp
山間路線や市内路線向けショートホイールベース車(WB4350mm)のKB3Lもあった。

KB3B（1948年）帝国自工架装　WB5300 〈KD3〉D-2C-L3-4086cc 90hp

金剛トレーラバス（1948年）　定員75名
東京都交通局に10台納車。トラクタはいすゞTX40型シャシーにKD2型エンジンを搭載。トレーラは金剛製作所が製造。パワー不足で翌年にはTT9型トラック(KD3型エンジン搭載)をトラクタに改造して交換している。

● ミンセイ BN／BE系 ボンネットバス ●

BN32（1951年） L8282 W2300 H2840 WB4350 60km/h 〈KD3〉D-2C-L3-4086cc 105hp 定員46名
90hpから105hpに馬力アップ。BN32はKB3Lの後継車でWB4350mm、BE31はKB3Bの後継車でWB5300mm。WB4800mmのBN33もある。

BE31（1953年） L9775 W2420 H2850 WB5300 〈KD3〉D-2C-L3-4086cc 120hp 定員70名
モデルチェンジ時に105hpから120hpへ馬力アップ。

BE31（1953年）
KD3型エンジン搭載の最終モデルで以後はUD4型エンジン搭載のB80に移行。

●ミンセイ キャブオーバーバス●

KB2LC（1949年1月完成）
L8100 W2300 H2700
WB4350 55km/h 〈KD2〉
D-2C L2-2724cc 60hp
定員60名
進駐軍のキャブオーバー型スクールバスを参考に富士産業（現SUBARU）と共同開発。

●ミンセイ コンドル ジュニア BR20系 リアエンジンバス（フレームレス）●

BR21（1951年）
L7725 W2250 H2950
WB3800 55km/h 〈KD2〉
D-2C L2-2724cc 60hp
定員51名
新日国架装の中扉車。フレームレスリアエンジンの中型バスへの要望を受けてコンドル ジュニアとして開発。1950年12月発表。

BR20（1951年）
L8680 W2300 H2900
WB4200 66km/h 〈KD2〉
D-2C 2L-2724cc 60hp
定員58名
富士自動車工業架装の前扉車。

●ミンセイ コンドル BR30系 リアエンジンバス●

BR30（1950年）L10400 W2450 H2820 WB5300 〈KD3〉D-2C-L3-4100cc 90hp　定員56名
富士産業と共同開発したフレームレス・モノコックボディ構造でエンジンは横置。1949年12月完成。

BR31（1950年）L9350 W2450 H2785 WB5300 73km/h 〈KD3〉D-2C L3-4100cc 90hp　定員70名

BR32a（1950年）

BR32b（1950年）
BR32a（上段写真）、BR32bとも、BR30のショートホイールベース（4400mm）版で、90hpのKD3型エンジンを搭載。

BR30（1950年）〈KD3〉D-2C-L3-4100cc 90hp
市街地路線用の中扉タイプはBR31。

BR30（1950年）〈KD3〉D-2C-L3-4100cc 90hp
1950年代初期の観光バスブームの花形として活躍した。

KD3型エンジン横置。

●ミンセイ コンドル BR300系 リアエンジンバス●

BR324（**1954年**）　L9500 W2420 H2850 WB5300 62km/h　〈KD3〉D-2C-L3-4086cc 120hp　定員66名
KD3型エンジンは1951年から120hpにパワーアップし、車両の型式番号が3桁の300系となった。

BR326（1953年） L8636 WH2430 WB4350 〈KD3〉D-2C-L3-4086cc 120hp 定員60名
新日国架装の国鉄バス。

BR341（1951年） L8700 W2450 H2850 WB4440 74km/h 〈KD3〉D-2C-L3-4086cc 120hp 定員55名
幹線道路にWB5000mm、山間路線にWB4000mmが主流の中、地方都市からWB4400mmの要望があり、BR32の後継として開発。

BR351（1954年） L8900 W2420 H2850 WB4300 62km/h 〈KD3〉D-2C-L3-4086cc 120hp 定員58名

●ミンセイ B80系 ボンネットバス●

B80（1955年）　L8960 W2342 H1971 WB5000　〈UD4〉D-2C-L4-4940cc 150hp

B80（1955年）　L8960 W2342 H1971 WB5000　〈UD4〉D-2C-L4-4940cc 150hp
B70はWB4500mm。

B80（1960年）　L9910 W2450 H2850 WB5000 78km/h　〈UD4〉D-2C-L4-4940cc 165ps
165psにパワーアップ。

●RX系 リアエンジンバス(フレーム付)●

ミンセイ RX80（1955年7月発表）　L8745 W2470 H2945 WB4000 65km/h 〈UD3〉D-2C-L3-3706cc 110hp
コンドルジュニアの後継車として開発されたフレーム付リアエンジンバス。

ミンセイ RX91（1959年）　L9525 W2440 H2970 WB4520 〈UD4〉D-2C-L4-4941cc 165ps　定員68名

ミンセイ RX101（1956年）　L10210 W2440 H2970 WB5000 71km/h 〈UD4〉D-2C-L4-4941cc 150hp

ミンセイ RX102(1958年)　L10210 W2440 H2970 WB5000 71km/h 〈UD4〉D-2C-L4-4941cc 150hp

ミンセイ RX102(1959年)　L10210 W2440 H2970 WB5000 71km/h 〈UD4〉D-2C-L4-4941cc 155ps　定員70名
RX91はWB4520mm。UD4型エンジンは1960年に160psにアップする。

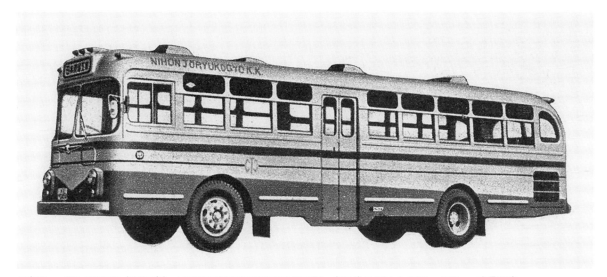

日産ディーゼル RX102(1962年)　L10210 W2440 H2970 WB5000 〈UD4〉D-2C-L4-4941cc 165ps　定員75名

●ミンセイ RS／RF系 リアエンジンバス●

コンドル RF85（1956年）
L9120 W2450 H2850 WB4300
73km/h 〈UD4〉D-2C-L4-4940cc
150hp
RSは新日国の架装でイーグル号、RFは富士重工の架装でコンドル号と呼称。応力外皮構造によるシャシレスのボディで飛行機設計の技術が応用されている。

イーグル RS90（1956年）

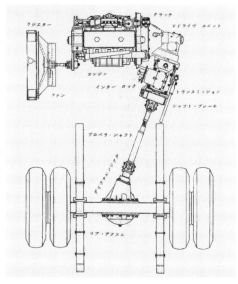

RF91（1958年）のドライブユニット。

コンドル RF91（1956年11月発売） L9660 W2450 H3000 WB5000 73km/h 〈UD4〉D-2C-L4-4940cc 150hp
RF91は鉄研（鉄道技術研究所）との共同研究によるエアサスペンション付で国産第一号。RF81はWB4300mm。

コンドル RFA101S（1959年） L10185 W2450 H3000 WB5300 73km/h 〈UD4〉D-2C-L4-4940cc 155ps　定員71名
6RF101（6R系リアエンジンバス）の姉妹車で、パワーアップしたUD4型155馬力エンジンを搭載したエアサス車。

コンドル RFA101S（1960年）

コンドル RF102（1958年3月発売） L10580 W2450 H3000 WB5500 120km/h 〈UD4〉D-2C-L4-4940cc 155ps　定員73名

●4R系 リアエンジンバス（フレームレス）エンジン縦置に変更 1960年9月発表●

4R103　L10385 W2450 H3055 WB5300　〈UD4〉D-2C-L4-4941cc 165ps
1960年12月、民生デイゼル工業・コンドルから日産ディーゼル工業へ。1961年後期からエンブレムが変化し、コンドルの名は使われなくなった。

4R82（1968年）　L9280 W2450 H3065 WB4300 85km/h　〈UD4〉D-2C-L4 4941cc 175ps

4R82（1966年）　L9280 W2450 H3065 WB4300　〈UD4〉D-2C-L4 4941cc 175ps
路線バスのスペシャリストとして、停留所間の短い路線でも優れた加速性能で高効率輸送を果たす。

4R82（1969年）　L9280 W2450 H3065 WB4300 85km/h　〈UD4〉D-2C-L4 4941cc 175ps　定員73名

ミンセイ コンドル 4R92（1960年）　L9735 W2450 H3055 WB4650　〈UD4〉D-2C-L4-4941cc 165ps　定員78名

4RA92（1960年）　L9735 W2450 H3055 WB4650　〈UD4〉D-2C-L4-4941cc 165ps　定員78名

ミンセイ コンドル 4R93（1960年）　L9875 W2450 H3055 WB4850 100km/h 〈UD4〉D-2C-L4-4941cc 165ps　定員79名
4R92の姉妹車。

4RA93（1961年）　L9875 W2450 H3055 WB4850 100km/h 〈UD4〉D-2C-L4-4941cc 165ps　定員79名

4RA94（1966年）　L10000 W2450 H3065 WB4750 〈UD4〉D-2C-L4-4941cc 165ps　定員60名
4R104の姉妹車。小回りのきくバスとして市街地でも山間地でも素晴らしい活躍を見せた。

4RA94(1969年)　L10000 W2450 H3065 WB4750 〈UD4〉D-2C-L4-4941cc 175ps　定員80名

4RA95(1970年)　L10150 W2450 H3070 WB4850 〈UD4〉D-2C-L4-4941cc 175ps　定員78名

4RA103(1964年)　L10385 W2450 H2995 WB5300 101km/h 〈UD4〉165ps　定員85名
85名の収容力を誇る大型車で、観光用、または大都市の大量輸送用として最適。

4RA104（1969年） L10650 W2450 H3065 WB5400 〈UD4〉D-2C-L4-4941cc 175ps 定員87名
4Rシリーズのエースとして都市における大人員輸送に、また車内長をフルに活用した12列シートは長距離観光用としても最適。

4R110 ラッシュバス（1966年） L11125 W2450 H3100 WB5500 〈UD4〉D-2C-L4-4941cc 175ps 定員93名（臨時120名）
乗車定員93名という大人員輸送のラッシュバス。

4R110 ラッシュバス（1969年） L11125 W2450 H3100 WB5500 〈UD4〉D-2C-L4-4941cc 175ps 定員93名（臨時120名）

● **5R系 リアエンジンバス（エアサスは5RA）** ●

5R94（1967年）　L10000 W2450 H3065 WB4750 108km/h 〈UD5〉D-2C-L5-6177cc 215ps　定員79名
5RシリーズはUD5型2サイクル5気筒エンジンを搭載。

5RA104（1968年）　L10650 W2450 H3065 WB5400 108km/h 〈UD5〉D-2C-L5-6177cc 215ps　定員86名

5RA106（1970年）　L10850 W2450 H3070 WB5450 〈UD5〉D-2C-L5-6177cc 215ps　定員86名

日産ディーゼル工業

5RA106（1970年）　L10850 W2450 H3070 WB5450　〈UD5〉D-2C-L5-6177cc 215ps　定員86名

5RA110（1966年）　L11125 W2450 H3065 WB5500 100km/h　〈UD5〉2C-L5-6177cc 200ps　定員92名

5RA110（1969年）　L11125 W2450 H3065 WB5500　〈UD5〉2C-L5-6177cc 215ps　定員92名

● **6R系 リアエンジンバス** ●

ミンセイ コンドル 6RF100（1956年）　L10920 W2450 H3000 WB5500 〈UD6〉D-2C L6-7412cc 230hp　定員77名

ミンセイ コンドル 6RFA101（1957年発売）　L10890 W2450 H3000 WD5500 〈UD6〉D-2C-L6 7412cc 230hp　定員77名
エアサス付で当時トップクラスのUD6型230psエンジンを搭載し、最高速度は120km/hを誇る。6RF101はリーフサス。

ミンセイ コンドル 6RFA101（1958年）
L10890 W2450 H3000 WB5500
〈UD6〉230hp　定員77名

ミンセイ コンドル 6RFL101A（1958年） L10820 W2440 H3250 WB5750 120km/h
〈UD6〉D-2C-L6-7412cc 230hp　定員41名
メキシコ向け左ハンドル高速道路用長距離バス。わが国初の荷物室を備え、リクライニングシート、500ℓタンクを装備。

ミンセイ コンドル 6RFL101A（1958年）
海抜2400mの高原用に開発。

6RFA103（1962年） L10830 W2440 H3190 WB5750 120km/h 〈UD6〉D-2C-L6-7412cc
230hp　定員62名
軽合金ボディの長距離用デラックスバスで、3段式リクライニングシートを装備。

6RFA103（1963年） L10830 W2440 H3190 WB5750 120km/h 〈UD6〉D-2C-L6-7412cc 230hp 定員43名
エアサス車。

6RA110（1965年） L11125 W2450 H3080 WB5500 〈UD6〉D-2C L6-7412cc 230ps 定員86名
高速ハイウェイ時代にふさわしいデラックスバス。200ℓタンクを搭載して長距離運行に備えている。

6RA110（1968年） L11125 W2450 H3080 WB5500 〈UD6〉D-2C L6-7412cc 230ps 定員86名
デラックス仕様車。

日産ディーゼル工業

6R110（1969年） L11125 W2450 H3080 WB5500 〈UD6〉D-2C L6-7412cc 230ps

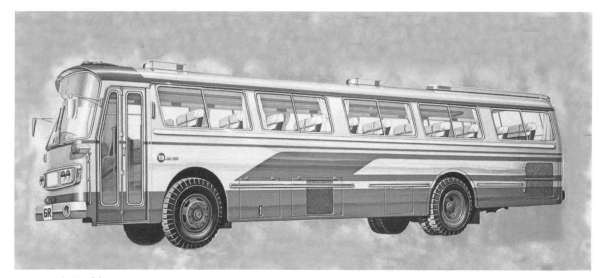

6RA111（1970年） L11280 W2450 H3085 WB5650 120km/h 〈UD6〉D-2C-L6 7412cc 240ps
UD6型エンジンは最高出力を240psにアップ。

6RA111（1970年） L11280 W2450 H3085 WB5650 120km/h 〈UD6〉D-2C-L6 7412cc 240ps
長時間の乗車にも疲労の少ないシートピッチ、乗り心地の良いエアサスペンションで、長距離観光用に最適。

●V8R系 リアエンジンバス●

V8RA120（1968年2月発売） L11950 W2490 H3150 WB6450 150km/h 〈UDV8〉D-2C-V8-9882cc 330ps 定員42名
当時自動車用としては最大のUDV8型330psエンジンを搭載して、時速150kmを誇った。

V8RA120（1971年） L11980 W2500 H3170 WB6450 〈UDV8〉D-2C-V8-9882cc 330ps

ガスタービン実験車（1970年）
公害が少なく高速大量輸送時代にマッチする新しい動力装置として開発。約300ps。

日産ディーゼル工業

● PR系 リアエンジンバス ●

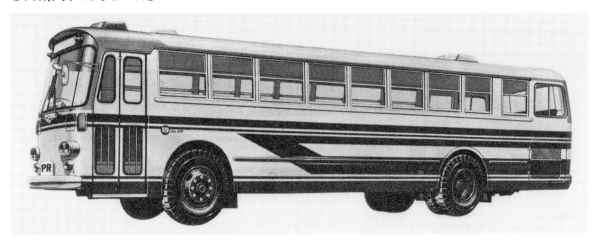

PRA105（1970年）　L10650 W2450 H3070 WB5250 105km/h 〈PD6〉D-4C-L6-10308cc 185ps　定員85名

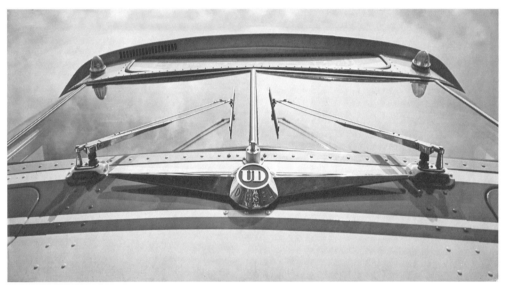

4R系と同格だが4サイクルエンジンを搭載。この頃から排ガス規制対応のためUD型2サイクルディーゼルは4サイクルディーゼルへ移行している。

PRA105（1970年）　L10650 W2450 H3070 WB5250 105km/h 〈PD6〉D-4C-L6-10308cc 185ps　定員85名

日産自動車

日産自動車の沿革

　日産自動車のルーツは、明治43(1910)年3月、鮎川義介が福岡に設立した戸畑鋳物株式会社に始まる。戸畑鋳物は昭和3(1928)年頃から自動車の鋳物部品を製造していたが、昭和6(1931)年6月に実用自動車をルーツとするダット自動車製造を傘下に入れ、昭和8(1933)年12月には自動車製造株式会社を設立、翌昭和9(1934)年5月30日に社名を日産自動車株式会社と改称した。

　ダット自動車製造は、明治44(1911)年、橋本増治郎が設立した快進社自働車工場に始まり、大正15(1926)年、ゴーハム式3輪車とリラー号を製造していた実用自動車製造と合併してダット自動車製造株式会社となっている。ダットの由来は改進社当時の大正3(1914)年に完成した小型乗用車の協力者である田健治郎、青山禄郎、竹内明太郎のイニシャルを組み合わせてDAT(脱兎)自動車と命名したことによる。さらに、昭和6(1931)年に完成した新小型乗用車にはDAT号の2世ということでDATSONと名付けたが、「SON」は「損」につながるということで、翌昭和7(1932)年には太陽の「SUN」に変更、後のダットサンブランドへ続くこととなる。

　その後、日産自動車は昭和19(1944)年9月に日産重工業と改称、終戦後の昭和24(1949)年に再び日産自動車株式会社に改めている。

日産と日産ディーゼル工業

　日産は昭和30(1955)年には民生デイゼル工業と折半出資で日産民生ジーゼル販売株式会社を設立。日産UDジーゼル車の販売を開始し、昭和35(1960)年12月には民生デイゼル工業を傘下にして同社を日産ディーゼル工業株式会社と改称した。その後日産ディーゼル工業は平成18(2006)年9月にボルボの直接傘下になり、同22(2010)年にはUDトラックス株式会社へ改称している。

ゴーハム式3輪乗用車（1920年） 実用自動車製造
ウイリアム・R・ゴーハムは1920年に来日し、戦後復興期には取締役工場長、日産の専務取締役技師長を歴任した人物。

リラー号（1923年） 実用自動車製造

ダット61型バス（1929年） ダット自動車製造

● ニッサン 90系 セミキャブオーバー バス（戦前のバス）●

90型（1937年完成） L6200 W2170 WB3250 〈AT〉G-L6-SV-3666cc 85hp 定員38名

90型 代燃車

91型（1939年） L6200 W2170 WB3250 〈AT〉G-L6-SV-3666cc 85hp 定員38名
マイナーチェンジ。ラジエターグリルが観音開きになり、整備性が向上。

●ニッサン 290系 ボンネットバス●

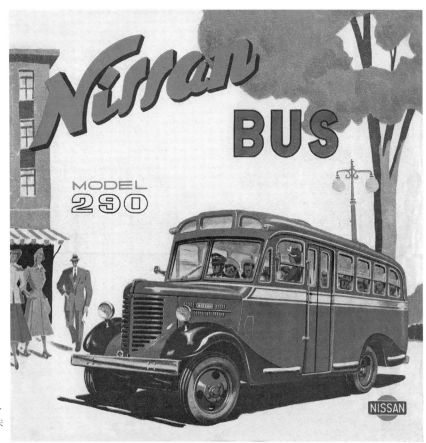

290（1949年型）
L7520 W2400 H2735 WB4300
72km/h 〈NA〉G-L6-SV 3670cc
85hp
それまでのバスボディはトラックシャシに架装していたが、バス専用の低床式シャシが出現。

290（1950年） L7500 W2114 H1682 WB4300 〈NA〉G-SV-L6-3670cc 85hp 定員49名
メッキグリルにマイナーチェンジした。M290は三菱のディーゼルエンジンKE5（D-L4-5322cc 85hp）を搭載。

290型バスは低床シャシを採用。180型トラックのシャシに架装したバスは190型と呼称。自社製NA型ガソリンエンジン搭載の290のほか、三菱製KE5型ディーゼルエンジン搭載のM290と民生製KD2型ディーゼルエンジン搭載のJ290を選択できた。

M290（1950年）
三菱製エンジン（〈KE5〉D-L4-5320cc 85hp）搭載。

J290（1950年） 〈KD2〉D-2C-L2-2724cc 60hp
民生エンジン搭載のニッサン自社ブランドバス。クルップユンカースの向合ピストン式エンジンは背が高いのでボンネット形状が異なる。

● ニッサン 390系 ボンネットバス ●

390（1952年）　L8058　W2400　H2880　WB4300　〈NA〉
G-SV-L6-3670cc　85hp　75km/h　定員49名
エンジンの前方移動とフレームの延長により前向シートで49名、
三方シートで52名となり、余裕のある客室の配置となった。

運転席（右）と車内（下）。

日産自動車

492（1955年） L8058 W2400 H2895 WB4300 70km/h 〈NC〉G-SV-L6-3960cc 105hp
NC型105psの新型エンジンを搭載。

●ニッサン 590系 ボンネットバス●

MG590（1957年） L9000 W2470 H2900 WB5000 60km/h 〈KE5〉D-L4-5320cc 85hp
Mは三菱エンジン、Gはロングを表す。G590は自社エンジンNC（G-SV-L6-3960cc 105hp）を搭載。
UG590はミンセイのエンジンUD3（D-2c-L3-3706cc 110hp）を搭載。

MG592（1959年） L9015 W2470 H2940 WB5000 〈KE25〉D-L4-5812cc 110hp G592
〈NC〉G-SV-L6-3960cc 105hp

590系　グリルの変化

590 メッキグリル。

591 塗装グリル。

592 補助灯部分変更。

●ニッサン 690系 ボンネットバス●

UG690（1959年） L9040 W2485 H2930 WB5000 84km/h 〈UD3〉D-2C-L3-3706cc 120ps
縦型4灯にフルモデルチェンジした。

UG690 乗合バスの車内。

UG690（1960年） L9040 W2485 H2930 WB5000 84km/h 〈UD3〉D-2C-L3-3706cc 120ps　定員57名

UG690（1964年） L9290 W2485 H3030 WB5000 84km/h 〈UD3〉D-2C-L3-3706cc 123ps
UD3型エンジンが123psに馬力アップした。WB4300mmのU690もある。

680系トラック／690系バス グリルの変化

1959年～

1965年～

1966年～

UG690（1966年） L9040 W2485 H2980 WB5000 90km/h 〈UD3〉D-2C- L3-3706cc 130ps　定員53名
UD3型エンジンは130osにアップし、ヘッドライトが縦型4灯から横型4灯にマイナーチェンジ。WB4300mmのU690もある。

● キャブスター マイクロバス ●

キャブスター GKA320（1969年）
L4055 W1610 H1900 WB2380
〈D12〉G-L4-1198cc 56ps 定員
12名

キャブスター GKA321（1970年）
L4055 W1610 H1900 WB2380
110km/h 〈J〉G-L4-1299cc 62ps
定員12名
グリルをマイナーチェンジ。J型
1300ccエンジンを搭載した。

キャブスター GKPA321（1971年）
L4055 W1610 H1900 WB2380
〈J15〉G-L4-1483cc 77ps 定員12名
J15型1500ccエンジンを搭載。この後、キャ
ラバンマイクロバスへ移行。

●キャブオール マイクロバス●

VC40B（1958年） L4590 W1675 H1990 WB2400 〈1H〉G-L4-1489cc 50ps 定員13名
1958年8月発売のセミキャブオーバーバス。

KC42（1959年） L4590 W1675 H1990 WB2400 88km/h 〈1H〉G-L4-1489cc 57ps 定員13名
グリルがマイナーチェンジされ、馬力も57psにアップ。最後部にはトランク室を装備。

KC140（1960年） L4675 W1675 H1990 WB2390 105km/h 〈G〉G-L4-1488cc 71ps 定員14名
1960年4月発売。セミキャブオーバーからシート下エンジンのフルキャブオーバー採用により定員1名増。

KC140（1960年）
イラストのテレビカーはトレーラを牽引している。

KC141（1962年1月発売）　L4675 W1675 H1990 WB2390 105km/h 〈H〉G-1883cc 85ps　定員14名
1900ccのH型エンジンを搭載。

KC141（1963年9月発売）　L4695 W1675 H1990 WB2390 〈H〉G-L4-1883cc 85ps　定員14名
マイナーチェンジでグリルが変更された。

KQC141（1965年）　L4695 W1675 H1990 WB2390 85km/h 〈SD22〉D-L4-2164cc 60ps　定員14名
1964年にSD22型ディーゼルエンジン車を追加。写真ではわかりづらいが、1965年にラジエターグリルのメッシュを粗くマイナーチェンジ。

KC240（1966年）
L4690 W1690 H1970 WB2500
110km/h 〈H20〉G-L4-1982cc
92ps　定員14名
フルモデルチェンジ。

KC240（1969年）　L4690 W1690 H1970 WB2500 110km/h 〈H20〉G-L4-1982cc 92ps　定員14名
マイナーチェンジでグリルが変更された。最終モデルで、この後はキャラバンマイクロバスへ移行。

● エコー系 ライトバス ●

キャブオール マイクロバス（1959年）　L4975 W1900 H2140 WB2400 〈1H〉G-L4-1489cc 57ps 定員16名
キャブオールのシャシに架装したマイクロバスで、堅牢な足回りを持つ。

ニッサン ジュニア マイクロバス（1961年）
L5100 W1980 H2355 WB2390 〈G〉
G-L4-1488cc 71ps　定員17名

KC140（1960年）　L5120 W1850 H2210 WB2390 103km/h 〈G〉G-L4-1488cc 71ps　定員17名
これまでのキャブオールのシャシを用いたものとは異なり、マイクロバス専用シャシに架装、大型バス並みに広い窓を持つ画期的な応力外皮構造を採用。

GC140（1961年） L5100 W1850 H2210 WB2390 〈G〉G-L4-1488cc 71ps 定員17／20名

キャブオール エコー GC140（1961年） L5130 W1850 H2275 WB2390 98km/h
〈G〉G-L4-1488cc 71ps 定員20名
エコーと命名され、エンブレムも追加された。

エコー GC141（1962年）
L5130 W1850 H2275 WB2390 110km/h
〈H〉G-L4-1883cc 85ps 定員20名
H型1900ccエンジンを搭載。

エコー GHC141（1964年）　L5970 W1850 H2275 WB2990 〈H〉G-L4-1883cc 85ps　定員24名
マイナーチェンジでグリルが変更された。

エコー GQC141N（1964年）　L5190 W1850 H2275 WB2390 85km/h 〈SD22〉D-L4-2164cc 60ps　定員21名
Qはディーゼルエンジンを示す。

エコー GHC141（1965年）　L5970 W1850 H2275 WB2990 110km/h 〈H〉G-L4-1883cc 85ps　定員25名
マイナーチェンジでグリル形状が変更された。

エコー GHC141（1965年）　L5970 W1850 H2275 WB2990 〈H〉G-1883cc 85ps　定員25名
Hはロングボディを示す。

エコー GHC240（1966年）　L6210 W1930 H2305 WB3100 100km/h 〈H20〉定員26名
バス専用シャシに剛性の高いモノコックボディを架装してフルモデルチェンジ。

エコー GC240N（1966年）
L5300 W1930 H2290
WB2500 105km/h 〈H20〉
定員21名
ショートタイプ。

エコー GHC240W／GHQC240W（1968年）
WB3100　定員26名
WB2500mm、定員17名のGC240N／GQC240Nと
WB3100mm、定員21名のGHC240／GHQC240も
ある（Hはロングボディ、Qはディーゼルエンジン
を示す）。

冷房車も追加された。サニー用1000cc
エンジンを冷房装置作動用に搭載して
いた。

エコー GHC240W（1970年）　L6210 W1930 H2300 WB3100 100km/h 〈H20〉G-L4-1982cc 92ps　定員26名
マイナーチェンジでグリルが変更された。

シビリアン GHC240／GHQC240（1971年）
マイナーチェンジと同時に車名が変更された。GHC240はH20型エンジン、GHQCはSD22型エンジンを搭載。

シビリアン GHC240（1971年）　L6245 W1930 H2290 WB3100 100km/h 〈H20〉G-L4-1982cc 92ps　定員26名
ディーゼルエンジン（〈SD22〉L4-2164cc 65ps）搭載車はGHQC240。

シビリアン GHC240W（1972年）　L6245 W1930 H2300 WB3100 100km/h 〈H20〉G-L4-1982cc 92ps　定員26名
Wタイヤ仕様車。

●ニッサン キャブオーバー バス●

ニッサン 180（改）バス（1949年）
三菱重工業・菱和ボデー製。

●キャブスター E590系●

キャブスター E590（1957年）　L8260 W2470 H2900 WB4470　〈NC〉G-SV-L6 3960cc 105hp　定員55名
590バスをキャブオーバーに改造、エンジンを前車軸より330mmの位置に低く取り付けて室内進出を抑えている。整備にはエンジンがローラーにより容易に引き出せる。

キャブスター E592（1958年）　L8510 W2470 H2980 WB4300　〈NC〉G-SV-L6-105hp
ME592は三菱エンジン（〈KE25〉D-L4-5812cc 110hp）搭載車。

●キャブスター E690系●

キャブスター E690（1959年） L8475 W2485 H2995 WB4300 〈P〉G-OHV L6-3956cc 125ps
NC型サイドバルブエンジンからオーバーヘッドバルブのP型エンジンに換装。標準仕様で生産しているため短期納入でき、価格も低廉。

キャブスター E690（1959年）
後部の方向指示灯は矢印灯。

キャブスター E690（1965年）
後部の方向指示灯がウインカー式に移行。

キャブスター E690（1965年） L8475 W2485 H2995 WB4300 100km/h 〈P〉G-L6-3956cc 130ps
馬力が130psにアップした。

ニッサンバス E690（1969年）
L8465 W2450 H3030 WB4300 100km/h
〈P〉G-L6-3956cc 130ps　定員61名
キャブスターの名称は小型車に譲って、平凡な
「ニッサンバス」という名称になった。グリルが
マイナーチェンジされている。

ニッサンバス E690（1970年）
L8465 W2450 H3030 WB4300 100km/h
〈P〉G-L6-3956cc 130ps　定員61名
ウインカーの形状が変更された。

●コロナ リアエンジンバス●

BU90（1953年発売）
L8340 W2400 H2900 WB4200
70km/h 〈NA〉G-SV-3670cc
95ps　定員56名
ニッサン初のリアエンジンバスで、「コロナ」の愛称がつけられた。三菱KE5型ディーゼルエンジン（〈KE5〉D-L4-5320cc 85hp）も用意された。

BU90（1953年）〈NA〉G-SV-L6-3670cc 95ps

● **UR690系 リアエンジンバス（フレーム付）** ●

UR690（1960年）
L9290 W2485 H3030
WB4300 〈UD3〉D-2C
L3-3706cc 120ps　定員67名
フレーム付

UR690（1960年）
日産ディーゼルのUD3型エンジンを搭載した日産ブランドのニッサンディーゼルバス。

UR690（1962年）　L9290 W2485 H3030 WB4300 70km/h 〈UD3〉D-2C L3-3706cc 123ps　定員67名
馬力が123psにアップした。

UR690（1963年） L9290 W2485 H3030 WB4300 70km/h 〈UD3〉D-2C L3-3706cc 123ps

UR690（1965年） L9210 W2460 H3060 WB4300 〈UD3〉D-2C L3-3706cc 130ps
130psにアップしたのは1966年。

NUR690（1961年） L8790 W2485 H3030 WB4300 〈UD3〉D-2C L3-3706cc 120ps
全長8790mmのショートボディ車。

●JUR690系 リアエンジンバス（フレームレス）●

JUR690（1963年）
L9185 W2460 H3050 WB4300 90km/h
〈UD3〉2C-L3-3706cc 123ps　定員71名

JUR690の車内。JUR系はフレームレスである。

JUR690（1966年）　L9210 W2460 H3060 WB4300 90km/h　〈UD3〉2C-L3-3706cc 130ps　定員71名
馬力が130psにアップした。

プリンス自動車工業

プリンス自動車工業の沿革

　プリンス自動車工業のルーツは、戦前の航空機メーカーである中島飛行機と立川飛行機に始まる。中島飛行機は1950（昭和25）年に荻窪工場と浜松製作所が合併して富士精密工業株式会社となり、小型エンジン、精密機器などを製造、他の工場は合併して富士重工業株式会社となっている。

　富士精密工業は昭和29（1954）年4月10日、たま自動車と対等合併しているが、このたま自動車の前身も石川島重工業（現IHI）が設立した立川飛行機であり、昭和22（1947）年6月には東京電気自動車株式会社を設立、同24（1949）年11月にたま電気自動車、26（1951）年11月にはたま自動車となっている。同社は昭和22（1947）年6月、電気自動車「たま」号を発表、昭和25（1950）年11月にはエンジン開発契約を富士精密工業と交わし、1952年にAISH型乗用車とAFTF型トラックを発売している。当時、皇太子明仁親王の立太子礼にちなんで「プリンス」のブランドを採用、翌年2月には社名もプリンス自動車工業に変更している。その後、昭和29（1954）年の合併で富士精密工業となるが、昭和36（1961）年2月にプリンス自動車工業株式会社に商号変更し、社名が復活している。

日産との合併と「プリンス」の名称

　プリンス自動車工業は昭和41（1966）年8月1日に日産自動車に吸収合併され、さらに平成11（1999）年、販売店の「日産プリンス」が「レッドステージ」となったことで、プリンスの名は表舞台には出なくなった。

たま 電気自動車（1947年6月発売）　東京電気自動車
オオタHA乗用車ベース。一充電で65km、45km/hで走行した。

AFTF（1952年）　プリンス自動車工業
富士精密工業製FG4A型1500cc-45hpエンジンを搭載。

プリンスのマーク。

BS41型エンジン（1954）
50cc-1.3hp 富士精密工業
ブリヂストン創業者石橋正二郎は富士精密の大株主であった。

プリンス セダン AISH-Ⅰ（1952）　プリンス自動車工業
エンジンは富士精密工業製FG4A型1500cc-45hpエンジンを搭載。

●ホーミー系 マイクロバス●

プリンス ホーミー B640（1965-67年）　L4695 W1695 H1900 WB2260 105km/h 〈G1〉G-L4-1484cc 70ps　定員15名

プリンス ホーミー B640A（1967年）　L4690 W1695 H1900 WB2260 105km/h 〈G1〉L4-1484cc 70ps　定員15名

プリンス ライトコーチ 657B／658B とホーミー B641（1968年）

ニッサンプリンス ホーミー B641（1970年）　L4690 W1695 H1920 WB2260 110km/h
〈R〉G-L4-1595cc 75ps　定員15名
1971年からニッサン ホーミーとなる。

●クリッパー系 マイクロバス●

A型標準宣伝車 AKVG（1956年）　〈FG40〉L4-1484cc 60hp

宣伝車
15Wアンプ、前後埋込式スピーカー付。

マイクロバス AQVH-2M（1960年発売）　L4690 W1695 H1990 WB2345 104km/h 〈GA4〉G-L4-1484cc 70ps　定員14名

スーパークリッパー BQVH-2M（1961年10月発売）　L4690 W1695 H1990 WB2345 104km/h 〈GB4〉G-L4-1862cc 91ps　定員14名
GB4型1900ccエンジンに換装。

スーパークリッパー B431（1964年）　L4690 W1695 H1980 WB2345 104km/h 〈G2〉G-L4-1862cc 91ps　定員14名
マイナーチェンジし、ヘッドライトが4灯になった。

●ライトコーチ●

プリンス ライトコーチ（1960年）　L5220 W1900 H2270 WB2345　〈GA4〉G-L4-OHV-1484cc 70ps
定員17名

プリンス ライトコーチ BQBAB-2（1962年）　L5720 W1900 H2320 WB2790 107km/h　〈GB4〉G-L4-1862cc 91ps
定員21名
GB4型1900ccエンジンを搭載。WB2345mm、定員17名のBQVH-2L もある。

プリンス ライトコーチ 632（1964年）　L5800 W1990 H2250 WB2790 107km/h　〈G2〉G-L4-1862cc 91ps
定員24名
フルモデルチェンジ。

プリンス ライトコーチ 654（1966年） L6080 W1990 H2265 WB3070 105km/h 〈G2〉G-L4-1862cc 91ps 定員26名
マイナーチェンジでウインカー形状が変更された。

ニッサンプリンス ライトコーチ B664B（1969年）
L6130 W1990 H2240 WB3100 105km/h 〈H20〉92ps 定員26名
マイナーチェンジでグリルが変更、Wタイヤ仕様も追加された。プリンスからニッサンプリンスに変更となった。

ニッサン ライトコーチ B664B（1971年） L6130 W1990 H2240 WB3100 105km/h 〈H20〉G-L4-1982cc 92ps 定員26名
プリンスの名称が消滅してニッサンに。また1973年にはB664からGHWT40に型式変更となる。

トヨタ自動車工業

トヨタ自動車工業の沿革

　トヨタ自動車工業株式会社の創業者は、豊田自動織機の発明などで知られる豊田佐吉の長男、豊田喜一郎である。昭和8(1933)年9月、愛知県刈谷町の豊田自動織機製作所内で、その自動車部として小型エンジンの研究が開始された。昭和10(1935)年5月にはシボレー型エンジンにフォード型シャシを組み合わせたトヨダA1型試作乗用車を完成。続いて同年8月にトヨダG1型試作トラックも完成させている。翌昭和11年7月にはトヨダマークの一般公募を行い、濁点をとった「トヨタ」をあしらったマークが採用されて製品車名もトヨタと改められ、昭和12(1937)年8月28日、トヨタ自動車工業株式会社が創立された。その後工販合併により社名はトヨタ自動車となり、平成10(1998)年にダイハツ工業を、さらに平成13(2001)年8月には日野自動車を傘下に加えて、現在に至っている。

トヨダ A1型 試作セダン（1935年）
〈A〉G-L6-3389cc 62hp　定員5名

トヨダ G1型 試作トラック（1935年）
L5950 W2191 H2219 WB3594
〈A〉G-L6-3389cc 62hp

G1型トラックのエンブレム

トヨダ から トヨタ へ

WR トラクタ（1960年）　豊田自動織機製作所
C型ディーゼルエンジン（D-L4-1500cc 25ps）を搭載。

トヨペット・クラウン CS20（1959年）
国産初のディーゼル乗用車　〈C〉D-L4-1491cc 40ps.

●トヨダ DA／トヨタ DB ボンネットバス（戦前のバス）●

トヨダ DA バス（1936年1月～1940年9月生産） 〈A〉G-OHV-L6-3389cc 62hp
1936年9月、東京府商工奨励館で開催された「国産トヨダ大衆車記念展覧会」にGA型トラック等と共にDA型バスシャシを展示。

トヨタ DB バス（1939年6月～1941年9月生産） 〈B〉G-OHV-L6-3386cc 75hp
トラックがGAからGB型へモデルチェンジしたのに合わせ、バスもDAからDB型に変わりA型エンジンを改良したB型エンジンを搭載。

トヨタ DBのバスシャシ。トルクチューブ低床式。

●BL／FL系 ボンネットバス●

BL 低床式バス（1949年10月〜1951年5月生産） WB4370 〈B〉G-L6-3386cc 82hp 定員45名
終戦翌年の1946年には、戦時型トラックKC型に架装したKC型バス、1947年にはBM型トラックに架装したBM型バスが生産されたが、1949年になってようやくバス専用の低床式シャシを採用したBL／FL型バスが発売された。写真のBL型はB型ガソリンエンジン搭載。

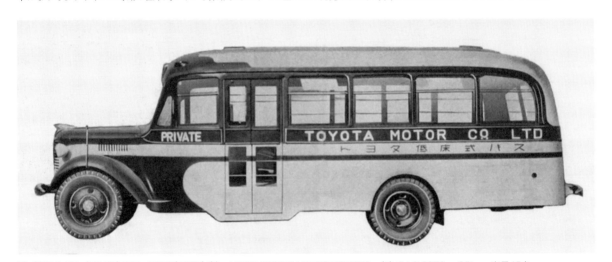

FL 低床式バス（1949年9月〜1951年5月生産） L7750 W2370 H2750 WB4370 〈F〉G-L6-3870cc 95hp 定員45名
刈谷車体架装、F型ガソリンエンジン搭載。

エンジンフードの変化（バスもトラックも同じ）

KB 4tトラック（1942年）
戦前タイプはフードの横穴の数が多い。

BM 4tトラック（1947年）
フード横にトヨタマークが付く。

BM 4tトラック（1950年）
メッキグリルに変更。

●FY／BY系 ボンネットバス●

BY（1951年6月～1954年3月生産）　WB4370〈B〉G-L6-3386cc 85hp　定員47名
フルモデルチェンジ。FYはF型エンジン（G-L6-3870cc 95hp）を搭載。

FY／BYの運転席。

FY（1951年8月～1954年3月生産）
写真は観光用。

● **FB／BB系 ボンネットバス** ●

FB（1954年）
L8110 W2410 H2750 WB4370 79km/h
〈F〉G-L6-3878cc 105hp　定員47名
グリルをマイナーチェンジ。F型エンジンは105hpにアップ。BBはB型エンジン（G-L6-3386cc 85hp）を搭載する。

BB（1954年5月発売）　L8295 W2450 H2900 WB4370 〈B〉G-L6-3386cc 85hp
グリルをマイナーチェンジ。外観はFBと同じ。

FY／BY系（1951-）

FB／BB系（1954-）

FB／DB60-70系（1956-）

FB80系（1959-）
1962年からヘッドライト下の角型の車幅灯が消えることになる。

DB80-90系（1959-）
ディーゼルエンジンを示すDマークが付き、メッシュグリルに。

●FB60系 ボンネットバス●

FB60BA（1956年） L8295 W2450 H2900 WB4370 85km/h 〈F〉G-L6-3878cc 105hp 定員49名
マイナーチェンジでグリルが変更されている。シンクロメッシュトランスミッション採用。B型85hpエンジン搭載のBB60もある。外観は同じ。

FBの低床シャシ。

FBの運転席。

●FB70／DB70系 ボンネットバス●

FB70（1957年）　L8295 W2450 H2900 WB4370 75km/h　〈F〉G-L6-3878cc 110hp　定員49名
70系は1957年8月発表。

DB70（1957年8月発売）　L8935 W2445 H2985 WB4370 75km/h　〈D〉D-L6 5890cc 110hp　定員49名

DB75（1957年8月発売）　L8935 W2445 H2985 WB4900 75km/h　〈D〉D-L6 5890cc 110hp　定員54名

FB75 ガソリンバスの低床シャシ(1958年)。方向指示器はアポロ式からウインカーへ変更された。

●FB80／DB80系 ボンネットバス●

DB80（**1959年**）　L8225 W2445 H2955 WB4370 78km/h 〈2D〉D-L6-6494cc 130ps
DB80系から2D型ディーゼルエンジンに換装、マイナーチェンジでグリルが変更された。またDB85はWB4890mm。

1960年

1962年

FB／DB80系ボンネットバスの運転席。

FB80（1961年）
L8225 W2445 H2955 WB4370 90km/h
〈F〉G-L6-3878cc 130ps
アンダーミラーが装備され、F型エンジンは130psにパワーアップした。

FB80（1961年）のサイドビュー。

FB80（1962年）
この年からFAトラックは1枚曲面ガラスを採用したが、バスは2枚ガラスのまま。

FB80（1962年）
L8220 W2425 H3000 WB4370
90km/h
〈F〉G-L6-3878cc 130ps　定員50名
この年から車幅灯が消える。

FB80 レントゲン車

FC80 レントゲン車（1960年）　L6460 W2360 H2800 WB3400 125ps
梁瀬自動車架装、ショートホイールベースのFC80トラックに架装。

● DB90系 ボンネットバス ●

DB95（1961年） L9485 W2445 H3000 WB5170 95km/h 〈2D〉D-L6-6494cc 130ps 定員64名
DB95ロングホイールベース車が登場した。DB92はWB4900mm、DB90はWB4370mm。

DB95（1961年） L9485 W2445 H3000 WB5170 95km/h 〈2D〉D-L6-6494cc 130ps 定員64名

DB95（1961年） L9485 W2445 H3000 WB5170 95km/h 〈2D〉D-L6-6494cc 130ps 定員64名

DB95（1961年）

DB95（1962年）
車幅灯が消える。

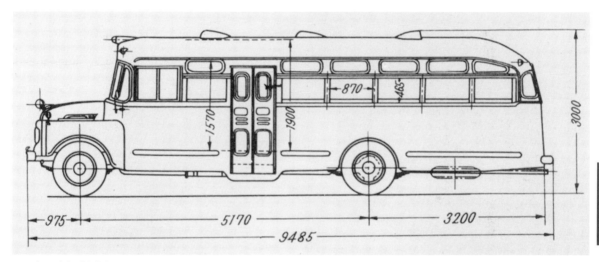
DB95（1961年）の側面図。

DB95（**1962年**） L9480 W2425 H3020 WB5170 〈2D〉D-L6-6494cc 130ps 定員64名

● FB／DB100系 ボンネットバス ●

DB105（1966年） L9540 W2450 H3090 WB5170 100km/h 〈2D〉D-L6-6494cc 130ps 富士重工業架装、定員65名
100系は1964年12月に発売され、1975年7月に生産終了。フェンダーサイドのFマークはガソリンエンジン搭載、Dマークはディーゼルエンジン搭載を示す。

FB100（1965年） L8290 W2450 H3070 WB4370 90km/h 〈F〉G-L6-3878cc 130ps 定員51名
2D型エンジン搭載車はDB100。

DB102（1966年）　L9040 W2450 H3090 WB4800　〈2D〉D-L6-6494cc 130ps　定員59名

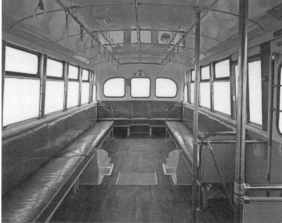

DB100系の前向シート（左）と三方シート（右）。

DB100系の運転席。

トヨタ自動車工業

●トヨタ キャブオーバー バス●

BM キャブオーバーバス（1947年）

FX/BX 宣伝車（1953年）

FY（1952年） L8150 W2380 H2750 WB4370 79km/h 〈F〉G-L6-3870cc 95hp 定員47名

FB75C 宣伝車（1959年）

FC80（改）（**1960年**）　L6840 W2360 H2700 WB3400 〈F〉G-L6-3870cc 125ps　岐阜車体工業架装、定員31名

図書館バス。FC80型トラックシャシに架装。

●DB100C系 キャブオーバー バス●

DB105C（1966年）　L9785 W2450 H3070 WB5170　〈2D〉D-L6-6494cc 130ps　定員68名

DB105C（1966年）

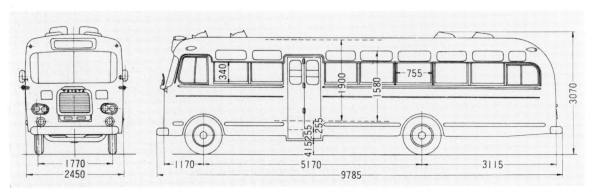

DB105C（1966年）の寸法図。

FB100C(1965年)　L8480 W2450 H3070 WB4370 90km/h 〈F〉G-L6-3878cc 130ps　定員62名
F型ガソリンエンジン搭載車。

DB105Cの運転席。

DB105Cの車内。

● **ハイエース コミューター** ●

ハイエース コミューター PH10B（1968年） L4310 W1690 H1885 WB2350 110km/h
〈3P〉G-L4-1345cc 65ps 定員12名
従来のトラックシャシベースのバンからバン専用に設計されたワンボックス車が登場。

ハイエース コミューター PH10B（1968年）のサイドビュー。

ハイエース コミューター RH15B（1968年） L4990 W1690 H1885 WB2650 115km/h
〈2R〉G-L4-1490cc 70ps 定員15名

ハイエース コミューター RH15B(1968年)のサイドビュー。

ハイエース コミューター PH10B (1970年)　L4310 W1690 H1885 WB2340 110km/h 〈3P〉G-L4-1345cc 65ps　12名
グリルをマイナーチェンジ。

ハイエース コミューター RH16B (1971年)　L4990 W1690 H1885 WB2650 〈12R〉G-L4-1587cc 83ps　定員16名
エンジンが2R型から12R型へ換装され、83psに馬力アップ。

●RK系 ライトバス●

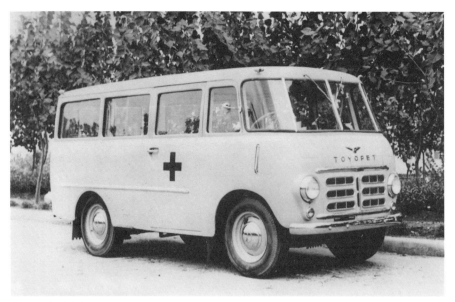

トヨペット ライトバス
名古屋車体製造架装。

トヨペット ライトバス（1955年）
L4250 W1580 H1950 WB2500
85km/h 〈R〉G-L4-1453cc 48hp

トヨペット RKライトバス（1954年） 定員9名

トヨペット小型バス RK75B(1958年)
〈R〉G-L4-1453cc 58hp
トヨペットルートトラックRK75ベースのセミキャブオーバーの小型バス。

セミキャブオーバーの運転席。

トヨペット RK70　WB2530　定員10名
トヨペット RK75　WB2750　定員14名

トヨペット小型バス RK85B（1959年11月発表） 〈R〉G-L4-1453cc 60ps
マイナーチェンジでグリルが変更。このモデルまでトヨペット小型バスと呼称された。R型エンジンは60psに馬力アップ。ベースのトラックはダイナと命名された。

トヨペット ダイナ マイクロバス RK95B（1960年）　L4690 W1695 H1965 WB2800 96km/h 〈R〉G-L4-1453cc 60ps　定員12/15名
RK95Bからトヨペット ダイナ マイクロバスと呼称。

トヨペット ダイナ マイクロバス RK150B（1961年）　L4960 W1690 H1965 WB2750 96km/h 〈R〉G-L4-1453cc 60ps　定員12/15名
マイナーチェンジでグリルが変更された。セミキャブオーバーからアンダーシートエンジンのフルキャブオーバーに進化している。後輪に全浮動アクスル、デフにハイポイドギアを採用。

トヨペット ダイナ マイクロ
バス RK160B（1962年）
L4690 W1690 H1985
WB2800 105km/h
〈3R〉G-L4-1897cc 80ps
定員15名
マイナーチェンジで４灯ヘッ
ドライトを採用。1900ccの3R
型エンジンを搭載した。

トヨペット マイクロバス RK160B
（1962年）　L5650 W1870 H2160
WB2800　〈3R〉G-L4-1897cc 80ps
定員20名

トヨペット マイクロバス
RK160B（1963年）
L5670 W1870 H2180
WB2800 〈3R〉
G-L4-1897cc 80ps
定員20名
マイナーチェンジで４灯
ヘッドライトを採用。

トヨペット マイクロバス デラックスタイプ RK160B（1963年）

トヨタ ライトバス RK170B（1964年）　L5870 W1850 H2250 WB2800 105km/h 〈3R〉G-L4-1897cc 80ps　定員22名

トヨタ ライトバス RK170B（1964年）
L5870 W1850 H2250 WB2800 〈3R〉G-L4-1897cc
80ps　定員22名

トヨタ ライトバス RK170B（1965年）　定員22名
マイナーチェンジでエンブレムのデザインが若干変更されている。他の仕様は同じ。

トヨタ ライトバス RK170B（1965年）　L5820 W1850 H2250 WB2800 〈3R-B〉G-L4-1897cc 80ps　定員22名
マイナーチェンジでグリルなどが変更されている。

トヨタ ライトバス JK170B（1966年）　〈J〉D-L4-2336cc 65ps
J型ディーゼルエンジン搭載車が登場した。

トヨタ ライトバス RK171B（1968年）
L5855 W1850 H2265 WB2800
〈5R〉G-L4-1994cc 93ps　定員22名
マイナーチェンジでフロントデザインなど
を変更し、2000ccの5R型エンジンを搭載。

トヨタ コースター RU18（1969年2月発表）　L6080 W1950 H2275 WB3070 110km/h
〈5R〉G-L4-1994cc 93ps
コースターと命名。2J型ディーゼルエンジン（L4-2481cc 70ps）搭載で最高速85km/hのJU18型もある。

トヨタ モーターホーム MP20
マネジメントルーム ショーモデル。

トヨタ コースターDX RU19-HD（1973年）　L6080 W1950 H2255 WB3085 110km/h 〈5R〉G-L4-1994cc 98ps
定員26名
5R型エンジンは98psへ馬力アップしてRU19へ。

●BW系 リアエンジンバス●

BW（1949年9月試作完成）
トヨタ初のリアエンジンバス。オールアルミボディ、エアコン、自動ドアを装備。

●FR系 リアエンジンバス●

FR（1953年8月発売）
L8870 W2450 H2850 WB4300 75km/h
〈F〉G-L6-3878cc 105hp　定員61名

FR（1954年）　L8870 W2450 H2850 WB4300 75km/h 〈F〉G-L6-3878cc 105hp

FR（1954年）　L8870 W2450 H2850 WB4300 75km/h 〈F〉G-L6-3878cc 105hp

FR系リアエンジンバスはF型ガソリンエンジンをリアに横置している。

●DR系 リアエンジンバス●

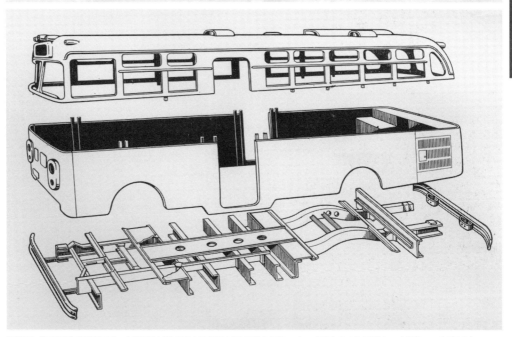

DR10（1958年9月発売）　L9170 W2490 H2975 WB5000 78km/h 〈2D〉D-L6-5890cc 130hp　定員68名
DR系リアエンジンバスは2D型ディーゼルエンジンをリアに縦置している。DR15はWB4200mm。

DR15（1962年）
L9170 W2490 H2990 WB4200 80km/h
〈2D〉D-L6-6494cc 130ps　定員68名

DR11（1962年）　L8470 W2490 H2990 WB4300 95km/h　〈2D〉D-L6-6494cc 130ps　定員61名
DR10とDR15の中間ホイールベース車が登場。

DR型リアエンジンバスのフロント（左）とリア（右）。

DR11（1966年） L8470 W2490 H2990 WB4300 95km/h 〈2D〉D-L6-6494cc 130ps
西日本車体製ボディ。

DR15（1966年） L9170 W2490 H2990 WB4200 95km/h 〈2D〉D-L6-6494cc 130ps
三菱重工業製ボディ。

DR15（1968年） L9170 W2490 H2990 WB4200 95km/h 〈2D〉D-L6-6494cc 130ps

DR11

DR10

DR10（1966年）　L9170 W2490 H2975 WB5000 80km/h 〈2D〉D-L6-6494cc 130ps
富士重工業製ボディ。

三菱重工業製ボディのDR10。

西日本車体製ボディのDR10。

DR系車内。

DR15　L9175 W2480 H3035 WB4200 95km/h 〈2D〉D-L6-6494cc 130ps　定員69名
DR系リアエンジンバスは1969年2月で生産を終了。

ダイハツ工業

ダイハツ工業の沿革

　ダイハツ工業のルーツは、明治40(1907)年3月に創立された発動機製造株式会社に始まる。同年12月には6馬力吸入ガス発動機を完成。大正8(1919)年3月には軍用自動貨車を完成している。これは砲兵工廠が民間に試作させたシュナイダー型4トン軍用自動貨車で、発動機製造の他東京瓦斯電気工業、石川島重工業、ダット自動車商会も参入している。

　昭和5(1930)年4月に500ccガソリンエンジンを完成し、同年12月にはダイハツ3輪自動車の第一号車HA型完成。昭和12(1937)年4月には小型4輪自動車FAを製作している。昭和26(1951)年12月、社名をダイハツ工業株式会社に変更し、昭和41(1966)年5月にディーゼル機関の製造販売部門を分離してダイハツディーゼル株式会社を設立した。

　ダイハツ工業は昭和42(1967)年11月にトヨタ自動車と業務提携し、平成11(1998)年にはトヨタがダイハツの親会社となった。

6馬力吸入ガス発動機（1907年12月完成）

軍用自動貨車（1919年3月完成）

ダイハツ HA（1930年12月試作）

小型トラック FA 732cc（1937年4月試作）

● V100系 マイクロバス ●

V100（1967年）　L4640 W1690 H1985 WB2500　〈FA〉G-L4-1490cc 68ps　定員11名

SV151N（1967年）　L4640 W1690 H1985 WB2500　〈FA〉G-L4-1490cc 68ps　定員14名
定員が14名に増えた。

SV151N（1968年）　L4640 W1690 H1985 WB2500　〈FA〉G-L4-1490cc 68ps　定員15名
定員がさらに増え、15名に。

SV151N（1969年） L4640 W1690 H1985 WB2500 105km/h 〈FA〉G-L4-1490cc 70ps 定員15名
マイナーチェンジで馬力が70psにアップ。

デルタ SV16N（1971年） L4680 W1695 H1995 WB2750 〈FA〉G-L4-1490cc 70ps
フルモデルチェンジ。

デルタ SV17N（1972年） L4680 W1695 H1995 WB2750 〈12R〉G-L4-OHV-1587cc 83ps
トヨタ12R型エンジンに換装。

●ベスタ／V200系 バス●

ベスタ マイクロバス（1958年）
L4690 W1695 H1990
WB2600 85km/h
〈GOB〉G-OHV-V2-1478c 53ps
定員12名
ベスタトラックベースで、水冷V
ツインエンジンを搭載。Wタイヤ
と2段の副変速機(前進6段／後
退2段)を装備した。

ベスタ FPO（1959年）
L4690 W1695 H1990
WB2600 85km/h 〈GOB〉
G-V2-1478c 53ps 定員12名

DV200N（1961年）
L4690 W1445 H1995
WB2700 〈FA〉G-L4-1490cc
68ps 定員14名
V200トラックベースで、ツインから
FA型水冷1500cc 4気筒エンジン
に換装。Wタイヤ、副変速機は
継承されている。

DV200N ライトバス（1960年）
L5540 W1980 H2410
WB3350 85km/h
〈FA〉G-L4-1490cc 68ps
定員21名

DV200N（1961年）
L5500 W1980 H2410
WB3350 85km/h
〈FA〉G-L4-1490cc 68ps
定員21名

DV200N（1961年）
L5530 W1980 H2430
WB3350 〈FA〉68ps
定員21名

DV200N（1961年）
L5520 W1680 H2400 WB3350 90km/h
〈FA〉G-L4-1490cc 68ps
副変速機により前進6段／後退2段。副変速機付バスはダイハツのみ。

DV200N（1962年） L5530 W1980 H2430 WB3350 85km/h 〈FB〉D-L4-1861cc 85ps 定員21名
FB型85psエンジンに換装するとともにミッションは副変速機付から前進4段／後退1段に変更。

DV201N（1963年） L5440 W1990 H2370 WB3000 95km/h 〈FB〉G-L4-1861cc 85ps 定員21名
V200トラックのイメージから、マイクロバスらしく変身。

DV201N（1963年） L5440 W1990 H2370 WB3000 95km/h 〈FB〉G-L4-1861cc 85ps 定員21名

（左）SV20N／（左）SV35N ライトバス（1965年） L6100 W1910 H2270 WB3200
SV20N：〈FB〉G-L4-1861cc 85ps、SV35N：〈FD〉G-L4-2433cc 95ps

SV25N（1969年）　L6100 W1920 H2260 WB3200 100km/h 〈FB〉G-1861cc 85ps　定員25名
マイナーチェンジでグリルのデザインが変更された。

（左）SV151N／（右）SV37N（1969年）　定員15名（SV151N）／25名（SV37N）
SV37NはDG型ディーゼルエンジン（L4-2530cc 75ps）搭載。

DV30N-1 ライトバス（1966年）　L6100 W2270 H2600 WB3200　〈FD〉G-L4-2433cc 95ps　定員29名

● ダイハツ リアエンジンバス ●

ダイハツ リアエンジンバス（1963年）
L6280 W1995 H2400 WB2850
〈FB〉G-L4-1861cc 85ps

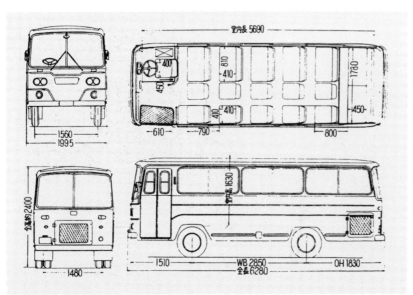

ダイハツ リアエンジンバスの四面図。

東洋工業

東洋工業（マツダ）の沿革

　マツダのルーツは、大正9(1920)年1月に設立された東洋コルク工業株式会社に始まる。昭和2(1927)年9月、社名を東洋工業株式会社に変更し、昭和6(1931)年10月に初の三輪トラックDA型を発売。さらに昭和12(1950)年にはマツダ初の小型四輪トラックCA型を発売している。

　その後東洋工業は、昭和36(1961)年にNSU及びバンケル社とロータリーエンジンについて技術提携、昭和40(1965)年1月には、パーキンスとディーゼルエンジン製造に関する技術提携をした。また昭和45(1970)年1月、東洋工業・日産自動車・フォードとの合弁で日本自動変速機株式会社を設立。

　昭和54(1979)年、フォードが東洋工業の株式の24.5％を取得して資本提携、昭和59(1984)年5月には、商号をマツダ株式会社に変更して現在に至っている。

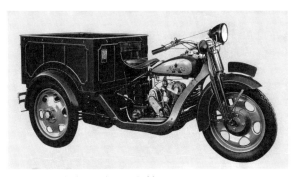

DA 200kg積（1931年10月発売）
空冷単気筒SV 482cc 9.4hp
販売委託先は三菱商事。

CA（1950年12月発売）
空冷Vツイン 1157cc 32hp

CHTA82 2トン積（1954年）
空冷Vツイン 1400cc 38.4hp

マツダ・ロンパー 1.75トン積（1958年7月発売）
〈DHA〉空冷Vツイン 1400cc 42ps

● マツダ マイクロ／ライトバス ●

D1500 マイクロバス（1961年） L5200 W1835 H2043
WB2806 95km/h 〈BC〉G-L4-1484cc 60ps 定員13名
D1500トラックのシャシに架装。

DVA12（改）（1963年） L5420 W1910 H2150 WB2800 〈VA〉G-L4-1985cc 81ps 定員20(17)名
VA型2000ccエンジンに換装された。D2000トラックのシャシに架装。

E2000 シンプルバス（1964年）
L5360 W1940 H2300 WB249
〈VA〉G-L4-1985cc 81ps
E2000トラックのシャシに架装。

AEVA-C ライトバス（1965年）
L5990 W2040 H2300 WB3095
〈VA〉G-L4-1985cc 81ps　定員25名

AEVA／AEXA-C（1967年）　L5985 W2050 H2320 WB3095　〈VA〉G-L4-1985cc 81ps
〈XA〉D-L4-2522cc 77ps　定員25名
同仕様でスタイルの異なるタイプ（220頁）もあった。

AEVA／AEXA-A（1966年） L5995
W2025 H2320 WB3095 〈VA〉81ps／
〈XA〉77ps

AEVA-B 幼児用ライトバス
（1967年）

パークウェイ26 AEXC（1977年）
L6195 W1980 H2310 WB3285
〈XB〉D-L4-2701cc 81ps
Wタイヤを装着。

パークウェイ26 AEVB（1973年）
L6195 W1980 H2325 WB3285
105km/h 〈VA〉G-L4-1985cc 92ps
幼稚園バス仕様車。

パークウェイ ロータリー26 TA13L（1974年） L6195 W1980 H2275 WB3285 120km/h 〈RE13B〉G-2R-1308cc 135ps
1974年7月発売。ロータリーエンジン13B型を搭載したライトバス。

DUC9（1970年） L4980 W1840 H2200 WB2600 〈UA〉G-L4-1484cc 60ps 定員18名
マツダクラフトベースのライトバス。

DUC9（1971年） L4980 W1840 H2200 WB2600 95km/h 〈UA〉G-L4-1484cc 60ps 定員18名
1971年のマイナーチェンジ車。プレートに「マイクロバス」の表記があるが定員18名で、当時の『自動車ガイドブック』には「マツダ ライトバス DUC9」と記載されている。

パークウェイ18 EVK15（1974年） L5090 W1865 H2290 WB2495 115km/h 〈VA〉G-L4-1985cc 92ps
1974年のマイナーチェンジ車。車名がついてエンジンもグレードアップ。

1950〜70年代のバスに搭載されたエンジン（一部）

いすゞ自動車

GA110型 ガソリンエンジン（1952年）
SV-L6-4390cc
最高出力105hp/3200rpm
最大トルク28.0kgm/1400rpm
BX系ガソリンバスに搭載された。

DA80型 ディーゼルエンジン（1950年）
予燃-V8-6804cc
最高出力117hp/2600rpm
最大トルク38.0kgm/1200rpm
BC10型バス搭載用のV型8気筒ディーゼルエンジンで、DA45型エンジンと部品を共通にした。

DA48S型 ディーゼルエンジン（1955年）
予燃-L6-5654cc　スーパーチャージャー付
最高出力115hp/2600rpm
最大トルク36.0kgm/1500rpm
BX系ボンネットバスやBX-X系リアエンジンバスに搭載された。

DA120T型 ディーゼルエンジン（1955年）
予燃-L6-6126cc　ターボチャージャー付
最高出力118hp/2600rpm
最大トルク37.5kgm/1400rpm
BA、BB系リアエンジンバスに搭載された。

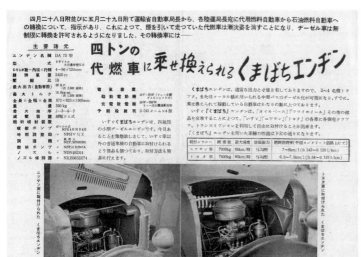

DA78型 ディーゼルエンジン（1956年）
予燃-L4-3769cc
最高出力58hp/2200rpm
最大トルク21.0kgm/1400rpm
代燃（木炭）エンジンの換装用に開発。トヨタやニッサンのバスにも搭載でき、産業機用エンジンのベースにもなった。図の諸元はDA75型。

DH10型 ディーゼルエンジン（1955年）
予燃-L6-9348cc　スーパーチャージャー付
最高出力180hp/2200rpm
最大トルク65.0kgm/1300rpm
BC20系、BC151系リアエンジンバスに搭載された。

三菱重工業

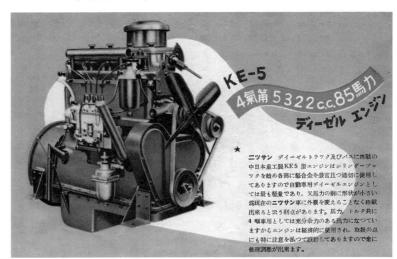

KE5型ディーゼルエンジン（1949年10月完成）
予燃-L4-5320cc
最高出力85hp/2200rpm
最大トルク29.4kgm/1200rpm
ニッサン290型バスに供給された。三菱重工業・京都機器製作所製。

DB5型 ディーゼルエンジン（1951年12月完成）
予燃-L6-8550cc
最高出力130hp/2000rpm
最大トルク50.0kgm/1200rpm
B20系ボンネットバス、R20系リアエンジンバスに搭載された。東日本重工業製。

6DC2型 ディーゼルエンジン（1966年4月生産開始）
予燃-V6-9955cc
最高出力200ps/2500rpm
最大トルク67.0kgm/1200rpm
DB系に代わるV型エンジンで、B系リアエンジンバスに搭載された。三菱重工業製。

日野自動車工業

DS11型 ディーゼルエンジン（1952年）
予燃-L6-7014cc
最高出力110hp/2200rpm
BH11型ボンネットバスに搭載された。

DS40型 ディーゼルエンジン（1955年）
予燃-H6-7698cc
最高出力150ps/2400rpm
最大トルク48.5kgm/1600rpm
BD／BK系センターアンダーフロアエンジンバスに搭載された。

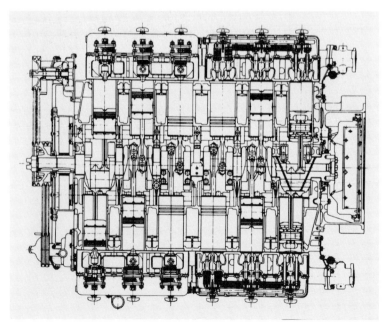

DS120型 ディーゼルエンジン（1964年）
予燃-H12-15965cc
最高出力320ps/2400rpm
最大トルク103.0kgm/1600rpm
RA100／120系高速バスに搭載された。

日産ディーゼル工業　①鐘淵デイゼル KD系

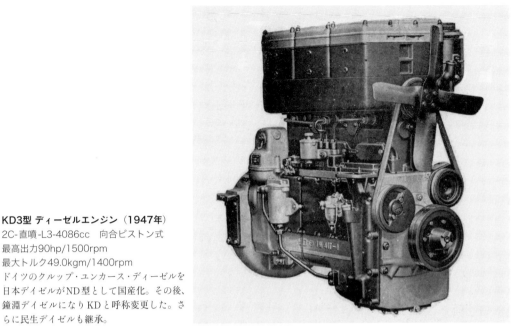

KD3型 ディーゼルエンジン（1947年）
2C-直噴-L3-4086cc　向合ピストン式
最高出力90hp/1500rpm
最大トルク49.0kgm/1400rpm

ドイツのクルップ・ユンカース・ディーゼルを日本デイゼルがND型として国産化。その後、鐘淵デイゼルになりKDと呼称変更した。さらに民生デイゼルも継承。

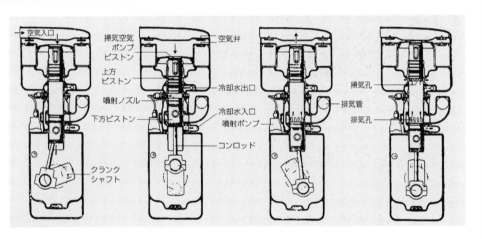

上下のピストンは下死点から中央に向かって吸入空気を圧縮。シリンダーの中央付近にある噴射ノズルから燃料を噴射して着火する。燃焼による膨張でピストンがそれぞれ反対に動き、まず排気口が開いて排気を逃がす。その後に掃気口が開いてポンプによって圧力をかけられた吸気がシリンダー内に入って排気を押し出す手助けをして、シリンダー内に吸気を満たす。

日産ディーゼル工業　②民生デイゼル UD系

UD3型 ディーゼルエンジン（1950年）
2C-直噴-L3-3706 cc
最高出力110ps/2000rpm
最大トルク44.0kgm/1300rpm
KD系エンジンの後継で、UDはユニフロースカベンジング ディーゼルエンジンの略。

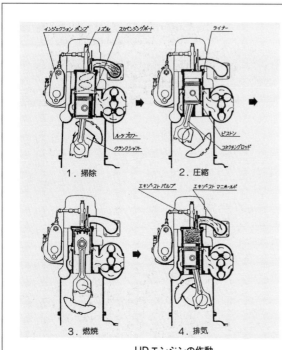

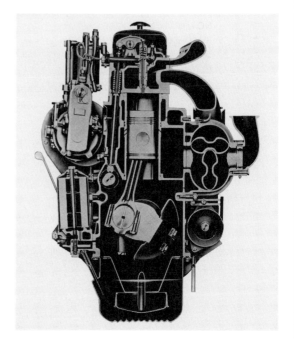

UDエンジンの作動
当時、その音からジェットエンジンを積んでいると噂された。

日産自動車

NA型 ガソリンエンジン（1952年）
SV-L6-3666cc
最高出力85hp/3600rpm
最大トルク24.0kgm/1600rpm
290／390型ボンネットバスに搭載された。

NC型 ガソリンエンジン（1957年）
SV-L6-3960cc
最高出力105hp/3400rpm
最大トルク27.0kg/1600rpm
490／590型ボンネットバス、E590型キャブスターに搭載された。

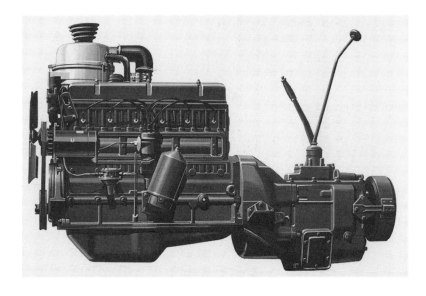

P型 ガソリンエンジン（1967年）
OHV-L6-3956cc
最高出力130ps/3600rpm
最大トルク30.0kgm/1600rpm
E690型キャブスターに搭載された。

トヨタ自動車工業

B型 ガソリンエンジン（1950年）
OHV-L6-3386cc 最高出力82hp/3200rpm
最大トルク21.6kgm/1600rpm
BL／BY系ボンネットバスに搭載された。

F型 ガソリンエンジン（1959年）
OHV-L6-3878cc 最高出力130ps/3600rpm
最大トルク30.0kgm/2200rpm
FB系ボンネットバス、FR系リアエンジンバスに搭載された。

2D型 ディーゼルエンジン（1959年）
予燃-L6-6494cc
最高出力130ps/2600rpm
最大トルク40.0kgm/1400rpm
DB系ボンネットバス、DR系リアエンジンバスに搭載された。

「代燃エンジン」を語る

1950年代はじめごろまで、日本では薪、木炭、コーライト、天然圧縮ガス、LPガスなどを使用した代燃エンジンのバスが走っていた。著者が、当時バス会社でこうした代燃車の車掌をしていた人に聞かせてもらった思い出話である。

　バスの朝は釜に火を入れることから始まります。出発の10分前になりますと、送風機を回してエンジンにガスを送ります。エンジンの始動は運転手さんがクランクを回し、車掌が運転席で点火時期とアクセルの調整をしながらエンジンをかけるのですがこのタイミングが微妙でして、まず、クランクをするときは点火時期のレバーを引いてアクセルレバーはそのままにしておきます。エンジンがかかると同時に点火時期のレバーを戻しつつアクセルレバーを引いていくのですが、運転手さんのクランクとこのタイミングがなかなか合いません。
　点火時期のレバーを早く戻しすぎるとケッチンがきてしまって運転手さんに怒られ、よく口喧嘩をしたものです。

　また、このクランクにもコツがありまして、ただむやみに回してもくたびれるばかりでかかりません。クランクをゆっくり回していって重くなるところで一気に力を込め？ひっかけるようにして回すとエンジンがかかるのです。
　一酸化炭素中毒になったこともありました。運転手さんは『ガス中毒だから酒を飲むといい』と言って、近くの食堂から日本酒をとっくり一本ももらってくれたのですが、お酒などもともと飲めないたちなので『そんなに飲めない』と言うと『さかずき一杯でいいんだ』と言って、あとはその運転手さんがみんな持ち帰ってしまったのです。お酒が統制の頃でしたので、酒好きの運転手さんにとって食堂からお酒をせしめるにはいい口実だったようです。

おわりに

　私のクルマ好きは母の生家である瓦屋から始まったようです。工場の奥でバルブをガシャガシャいわせながら黒い煙を吐いていた黒い大きな発動機や、窯で焚く松葉を運ぶオート三輪の補助椅子でむき出しのエンジンの音と振動に幼な心を昂奮させていたのです。

　カタログを集め始めたのは小学5年生のころ。大好きなクルマを詳解するカタログの存在を知り、新聞や雑誌の「カタログ贈呈」へせっせとはがきを出してカタログ集めに没頭していたころから早や半世紀を過ぎ、ここ20年くらいは、カタログ等の写真をパソコンに取り込んで諸元や解説を加え、変遷を追ってデータベース化してきました。

　本書は戦後の復興期から1970年までのバスを系統的にまとめたものですが、国産車が飛躍的に発達したこの時代は、個性的でユニークなクルマが多く、私の最も好きな時代でもあります。

　当時のクルマは、故障や欠陥などあたりまえ、乗り手がそのクルマの癖を知り尽くして乗りこなすといった生き物を扱うような感覚がありました。今や高性能で故障もしない優等生ですが、なぜか当時のクルマに愛着や郷愁を感じるのは私だけでしょうか。

　本書の編集にあたり、三樹書房の編集担当中島匡子氏ほか関係者の方々、資料を提供していただいた小西純一氏、山下俊氏に心からお礼を申し上げます。

　執筆にあたっては、メーカーカタログ、社史の他に、自動車工業会の資料や当時の雑誌などを主要な参考文献としています。本書をご覧いただいてお気づきの点がありましたら、該当する資料と共に編集部までご一報をいただければ幸いです。

筒井幸彦

著者紹介

筒井幸彦（つつい・ゆきひこ）

1945年長野県生まれ。飯田高等学校卒業後、長野県警察官として主に交通特捜部門を担当。2003年警察功労章受章、2017年瑞宝双光章受章。著書に『国産車60年代シリーズ①1960年代のバス』（車史研）がある。

国産バス図鑑
1945-1970

編・著　筒井幸彦
発行者　小林謙一
発行所　三樹書房

URL http://www.mikipress.com

〒101-0051 東京都千代田区神田神保町1-30
TEL 03(3295)5398　FAX 03(3291)4418

印刷・製本　シナノ パブリッシング プレス

©Yukihiko Tsutsui/MIKI PRESS　三樹書房　Printed in Japan

※本書の一部あるいは写真などを無断で複写・複製(コピー)することは、法律で認められた場合を除き、著作者及び出版社の権利の侵害になります。個人使用以外の商業印刷、映像などに使用する場合はあらかじめ小社の版権管理部に許諾を求めて下さい。
落丁・乱丁本は、お取り替え致します